U0350458

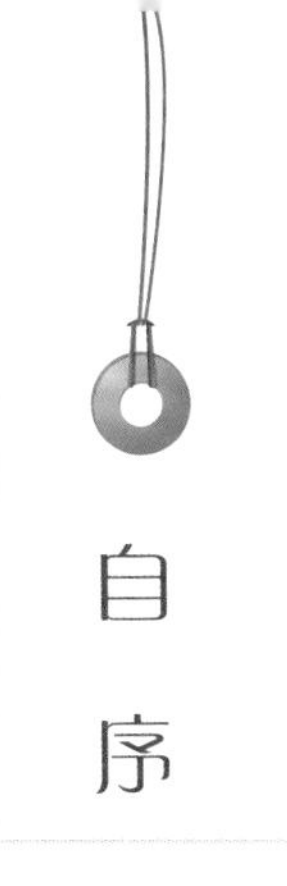

自序

我常在想要怎么介绍这本书才觉得恰当、全面？这绝不是一本单纯的美食书，说起做菜、烘焙，我买过、看过不少此类书，但它们基本上都算是一本正儿八经的食谱、菜谱，功能性很强，趣味性则很少。而我的这本书，融入了烘焙、手绘和散文，我想把它比作是一本故事书，一本集合了我所有兴趣爱好、陪着我成长的故事书。不管你是想学点厨艺，学点Q版手绘，抑或只是想打发时间看看杂文，这本书都可以满足你。

我接触烘焙也只不过是这两年的事，我自认为水平一般，尚处在初级阶段，但身边的朋友都很捧场，每次都给我很多肯定与鼓励。可能是从小学美术的缘故吧，我对自己做的食物的颜值要求比较高。怎么搭配颜色最和谐？怎样做到口感和外表同样惊艳？怎么摆盘、怎么布景、怎么拍摄才能达到最佳效果？这些都是我做美食时需要考虑的问题。我认为食物和人一样，首先要具备好看的外在，才会让人有想要了解你有趣灵魂的欲望。

我热爱画画，于是我画下了制作美食的步骤图；我喜欢摄影，于是我用快门记录下每一样我做出来的美食；我常常陷入文字的海洋里思考、成长，于是我把自己的故事和美食结合在一起，写下来，记忆可能会被磨灭、不再清晰，但文字和味觉却会永存，回味无穷……

食物是一个载体，它承载了我这二十余年来最多的往事、最难忘的回忆。我记得小时候爷爷给我炸的那一碗香喷喷、金灿灿的油渣，而如今他已经离开我整整六年；我记得刚毕业时跟着剧组，在天寒地冻的腊月，每天都保持至少十四个小时的外景拍摄，当我疲乏迷茫、想要回家的时候，妈妈带着我最爱吃的红烧排骨来探望我，那一刻我的胃和心都被暖化了。我记得很多人、很多故事，他们都串联在一个又一个或香甜或辛辣或酸涩的食物中……

食物是有温度的，人亦然。但愿每一个人都能在食物里找到慰藉，从热爱美食开始，热爱生活。

夏威夷

丁酉年仲夏于常州

目录
CONTENTS

Spring

summer

autumn

winter

SPRING

唤醒早春的味蕾
覆盆子·南瓜派

熬过了漫长的寒冬，万物复苏的三月终于悄然而至。春季是一年养身之始，让我们用健康的食物来唤醒体内积蓄已久的能量吧！

春季适宜吃清淡、易消化的食物，少吃辛辣和容易上火的食物。而粗粮具有性味甘平、润燥消水的特点，非常适合在初春食用。

南瓜，是我们日常生活中再平常不过的粗粮之一了。尤其是春季的气候比较干燥，更应该多吃些南瓜，因为它具有很好的去火润燥功效。

朴朴素素的南瓜，一直以来都是我们餐桌上最常见的一种食物，其实这么朴实无华的食材也能做出洋气的甜品呢。

① 南瓜 125g
② 牛奶 110ml
③ 白砂糖 30g
④ 鸡蛋 1个
⑤ 低筋面粉 100g
⑥ 细砂糖 15g
⑦ 冷水 25g
⑧ 黄油 50g
⑨ 食用盐 1g
⑩ 蛋黄 8g
⑪ 覆盆子 十几颗

① 南瓜去皮煮熟。把南瓜泥与牛奶、30g白砂糖、1个鸡蛋一起放入食物料理机，搅拌约1分钟，成浓稠的液状即可。（没有食物料理机也可以用勺子把南瓜压成泥，再倒入其他食材，充分搅拌均匀。）

② 黄油提前从冰箱里取出，放在室温下软化之后，加入低筋面粉和15g细砂糖，用手把面粉和黄油揉和在一起，使劲揉啊揉，然后就会得到粗玉米粉状态的面粉。

③ 把8g蛋黄、冷水、盐混合均匀，直至盐完全溶解在混合好的蛋黄水中，然后把液体倒入刚才揉好的面粉里。

④ 轻轻揉成面团，把揉和好的面团放入冰箱冷藏至少一个小时。

⑤ 取出冷藏好的面团，擀成薄片。把薄片覆盖在派盘上，把多余的面团切掉。在派盘底部的面团上用叉子戳一些孔，防止烤的时候底部鼓起来。

⑥ 让派皮在空气中松弛10分钟左右，倒入①做好的馅料。只要倒八分满哦。

⑦ 烤箱预热到200度，用200度烤10分钟之后，把温度调低到170度，继续烤25-30分钟，直至馅料完全凝固。

⑧ 等馅料冷却后，摆上覆盆子即可。也可以摆上任何你喜欢的水果，总之让它看起来美美哒就可以啦。

糖糖话 这样我们的南瓜派基本已经完成了。我选择了用覆盆子在南瓜派上作为装饰，你也可以用草莓、蓝莓等一切你喜欢的水果。如果你不爱水果和南瓜派的配搭，也可以直接在南瓜派上撒上一些椰蓉，一样的美味。制作馅料时用到的牛奶也可以换成椰浆，口感会更加丰富和浓郁。如果你不喜欢南瓜，甚至可以把它换成山芋、紫薯或者芋头这些粗粮，一样既营养又美味。这个制作派皮的配方是通用的，里面的馅料可以换成其他配方，乳酪的、抹茶的，只要你喜欢，都可以随心所欲地搭配。不爱吃甜食？没关系，这个派皮配方少些糖、多加一些盐就可以适用于咸味派，用火腿、洋葱、玉米粒、芝士做成丰富的馅料，就变成了类似于披萨的咸味派。

派的制作并不复杂，它不但美味且颜值高，吃起来也不会像蛋糕有那么大的热量负担，嘴馋的朋友即使多吃两块也完全不用有罪恶感。在草莓大量上市的季节，烘焙界曾一度风靡的“草莓塔”也是用这个派皮的配方做基础底料的，再在上面挤上漂亮的奶油拉花，铺上水果和红彤彤的草莓，光是想想就已经流口水了吧？如果你没有大的派盘模具，也可以用制作蛋挞的金属模具。上述配方的量适用于6寸的派盘，如果换成蛋挞模具，大概可以做10个左右。

趁着春光尚好，家人陪伴，赶紧动手为你爱的人制作一份营养健康的南瓜派吧！

“网红”青团那么贵，不如自己做吧

青团

“清明时节雨纷纷，

路上行人欲断魂。

借问酒家何处有？

牧童遥指杏花村。”

清明时节的现代人，虽然沿袭了扫墓祭祖的习俗，但也不断有新的生活方式出现。比如对于大家都越来越热爱和在意的“吃”，在清明的节气里，也有它独有的美食出现。艾草，这种在清明时节里长势最好、最多的植物，平日里我们对它的理解只是用作中医方面的治病、养生。其实艾草也是一种很好的食物，在中国南方传统食品中，有一种糍粑就是用艾草作为主要原料做成的。去年，上海某老字号酒楼里，改良了这种传统食物，把内馅的芝麻、花生、白糖换做了咸味的鸭蛋黄和肉松，甜甜糯糯的外皮和咸香可口的内馅结合到一起，创造出了一种独特的美味。一时间，这种“网红”青团风靡了江浙沪一带，多少外地人甚至为了一尝它的美味，而驱车去上海排上几个小时队。其实这种青团制作起来并不复杂，稍微有一点点厨艺基础的人在家完全可以仿制出来。

因为我不是太能接受艾草那股独特的清香，因此，我用菠菜取代了艾草，也能做出漂亮的绿色表皮来。

① 糯米粉 100g
② 菠菜 60g
③ 清水 50g
④ 白糖 25g
⑤ 猪油 10g
⑥ 澄粉 30g
⑦ 开水 40g
⑧ 熟咸蛋黄 几个
⑨ 肉松 少许

① 把菠菜放入滚水中氽一下，变色了就捞出来，放入冷水中过凉。用搅拌机搅打成泥，过筛，留取汁水备用。

② 绵白糖和清水加入到糯米粉中搅拌；澄粉中加入开水搅成糊状，把搅拌好的澄粉与糯米粉混合，趁热加入熟猪油，充分混合、揉捏均匀。

③ 把②放入容器，冷水上锅蒸10-15分钟。过程中可以用筷子拨开看看，里面如果是透明状就说明ok了，如果还是白色就再蒸一会儿。

④ 把过滤出来的菠菜泥倒入③中，使劲搅拌均匀，使糯米团上色。戴上手套，耐心地多揉捏一会，使糯米团染上均匀的绿色。

⑤ 戴好一次性手套，手套上抹一些油，防止青团皮粘在手套上。将做好的青团皮分成若干份，搓成圆球，按扁，把四周按得薄一些。在中间放上一些肉松，再摆上一颗咸蛋黄，和包团子一样，把四周的皮向中间包起来。

⑥ 收口朝下摆好，可以再在表面刷上一层橄榄油，让青团看起来更诱人些。吃不掉的青团可包上保鲜膜，放入冰箱冷藏3-4天也可吃，吃之前放在蒸锅里加热即可。

悄悄话

现代都市人对网上风靡的美食总是忍不住地要去跟风尝试，生怕自己没吃过就out了，但有些“网红美食”未必有什么了不得的技术含量，也不见得有传说中的那么那么好吃。其实，一种食物喜欢与否完全取决于个人，没有必要人云亦云。

樱花季那么短，那就把她留在食物里

樱花冻芝士

人们总是热衷于穷尽一切去探索、了解距离自己非常遥远的事物，而对于近在眼前的世界，却未必真的了解。中国人对大洋彼岸的美国似乎有着最强烈的探索欲和好奇心，尤其是年轻人，听着嘻哈乐，看着美剧，知道格莱美，了解超级碗，但对于日本的书法史、文学史却知之甚少，日本其实是一个非常有内容和有意思的国度。

当然我也只与日本匆匆邂逅了短短几天而已，谈不上了解，但对于我所到过的日本，还是有一点点心得和感受。我在日本只短短停留了一周，去了东京、大阪、名古屋与京都。这些城市，每一座都有它非常显著的特质和气息，完全不是清一色的高楼大厦和现代化。

然而，给我留下最深印象的便是大阪那无穷无尽的樱花林和低调却极富文化底蕴的京都。

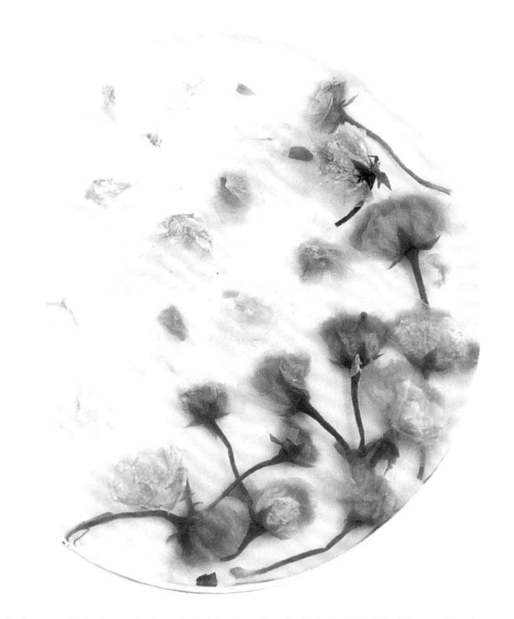

京都曾是日本的国都，因此京都有着非常深厚的历史和文化底蕴。京都人十分爱护自己的环境，不但拒绝入住和建造高楼，对古建筑的保护也不遗余力。最有意思的是，为了保留京都复古的、原始的城市气质，整个京都的建筑都不得出现过于醒目和亮度过高的颜色，就连全球连锁的麦当劳到了这里，都要入乡随俗——标志性的鲜红色配明黄色也被降了好几个亮度。京都保存完好的不止是一些古建筑，更有与这些建筑物相依相伴的周围环境，还包括一些未登录为世界遗产的建筑和风景。比如我去的鹿苑寺，它并不是一座孤零零矗立着的寺院，它既包含了建筑之美、又包含了园林、造型之美，与周围的环境融合无间，可以称之为传统艺术的精品。

而日本第二大城市大阪，拥有着大大小小无数的赏樱地。年轻的日本人，带上毯子和食物，铺在樱花树林下。席地而坐，吃着小零食，喝点小酒，聊聊天，打打牌，简直是太会享受生活啦。四月初的樱花开得正盛，偶尔一阵风拂过，樱花被吹得散了一地，下起了漫天的樱花雨。在这样一幅美好的画面里，仿佛觉得自己变成了二次元世界里的人物。连绵的樱花林实在是太震撼、太壮观了，但可惜的是，樱花的花季十分的短暂。如果能把她的美留在食物里，吃进嘴里，那想必也会是件很美好、很浪漫的事吧！

镜面部分：

① 盐渍樱花 若干

② 吉利丁片 2片（约15g）

③ 雪碧 250ml

④ 纯净水 50g

芝士蛋糕部分：

① 奶油奶酪 250g

② 无蔗糖酸奶 180g

③ 淡奶油 130g

④ 细砂糖 50g

⑤ 吉利丁片 2片（约15g）

⑥ 纯牛奶 50ml

⑦ 柠檬汁 适量

① 芝士糊：2片吉利丁片，用冷水浸泡备用。奶油奶酪在室温下软化后，加入细砂糖打发至顺滑，加入柠檬汁调味，再分多次慢慢加入酸奶，每次都要充分搅拌均匀后再加下一次，制作成浓稠的芝士糊。

② 把130g淡奶油和50ml牛奶混合，隔水加热，温度在50℃左右的时候，加入泡好的吉利丁片，搅拌至完全融化。倒入芝士糊

中再次搅拌均匀。放入冰箱冷藏6小时以上。

③ 樱花镜面：提前一夜用冷水将盐渍樱花泡开，泡的过程中多换几次水。

④ 把雪碧瓶打开，放掉里面的气。把泡好的樱花捞出，沥干水分后放入没有气的雪碧里。

⑤ 另取50g冷水泡软2片吉利丁片，连同冷水一起加热至吉利丁片融化成液态。 等吉利丁液凉至体温，倒入樱花雪碧中，充分搅拌均匀。

⑥ 小心缓慢地将樱花雪碧沿着蛋糕模具边缘倒在已经凝固的芝士蛋糕面上。继续冷藏直至镜面完全定型。最好能在冰箱内放置一夜。

悄悄话

这世间所有的美好大抵都像樱花一样，太过短暂才让人格外珍惜。如果你已经拥有了属于你的那份美好，请好好珍惜ta在你身边的每一天。

I wanna kiss you
贵妇之吻

众所周知，法国的甜品和法国人的浪漫一样，闻名于世。法式甜品以其精致诱人的外形和丰富细腻的口感掳获了世界各地甜品爱好者的心。但是意大利，这个色彩斑斓而又神秘的国度，也创作出了许多举世闻名的蛋糕、甜品，而且有很多意式甜品在制作上也更为简单，颜值和口味却丝毫都不逊色，作为我们普通的烘焙业余爱好者，完全可以在家做出各式各样的意式甜品来。

意式甜品在取名上都非常有意思，比如众所周知的

“提拉米苏”就是意大利语中“带我走”的意思，相传是一位即将赴战场的士兵，他家里什么吃的也没有了，于是他的妻子把家里所有的干粮——面包、饼干全都做进一个甜品里，意为带我走。而做提拉米苏要用到的“手指饼干”也是意大利人发明的，虽然是饼干却不含油脂，因此它的口感就像海绵蛋糕一样甘美而柔软，难怪英语会把它形象地称为“Lady Finger”（贵妇人的手指）了。而我独爱的是另一款并不为众人所知的纯正意式甜品，它也有一个既好听又有趣的名字——贵妇之吻。至于它为什么叫贵妇之吻，也许你看完这篇文章就会有答案了。

做贵妇之吻所需要用到的食材并不复杂，而且今天我要教大家做的是无黄油低糖版的贵妇之吻，所以大家完全不用担心热量的负担。

① 低筋面粉 95g
② 杏仁粉 100g
③ 细砂糖 45g
④ 盐 一小撮
⑤ 抹茶粉 5g
⑥ 玉米油 45ml
⑦ 牛奶 15ml
⑧ 白巧克力 60g

食材中用到的杏仁粉就是做马卡龙的重要材料，如果你买的杏仁粉颗粒比较粗糙的话，先把它和砂糖一起放入搅拌机或研磨机磨成细粉，然后过筛。

① 把所有的粉类（低筋面粉、杏仁粉、抹茶粉、盐、细砂糖）一起放入盆中混合均匀。我做的是抹茶口味的贵妇之吻，所以放了5g抹茶粉；如果你要做原味的，把5g抹茶粉换成低筋面粉就可以了。

② 粉类混合均匀后加入玉米油混合，然后再用手搓成粗玉米粉的状态。这个时候再倒入牛奶，揉成面团。

③ 接下来就是塑形，用1tsp的量勺做辅助工具，用小勺挖一勺面团，把勺子口压平，尽量紧实一点，用手指轻轻把面团从小勺里移出来，一个胖嘟嘟的半圆形饼干团就完成了。

④ 按照这个方法，把所有面团都做成半圆形，放在铺好油纸的烤盘上，烤箱预热到170℃，烤25分钟。等到烤到12分钟的时候，盖上锡纸，防止上色过重。抹茶味的饼干最怕的就是烤过，那貌美的绿色就会被破坏。

⑤ 饼干烤好后拿出来晾凉。我们就可以做最后一步了：制作白巧克力夹心。隔水加热白巧克力至完全融化、顺滑。然后灌入裱花袋，挤在冷却的半圆形饼干上，再把另一个半圆形饼干盖上去。

⑥ 把所有的饼干都制作完成之后，放入冰箱冷藏1小时直至白巧克力完全凝固。当然，你也可以把白巧克力换成黑巧克力，也可以在白巧克力里加入一些奶油芝士一起融化，口感会更好。

悄悄话

这一个个圆鼓鼓的夹心小球看起来就像贵妇的嘴唇一样饱满和诱人，吃一口融进嘴里，既有抹茶饼干的清香，又有白巧克力的柔滑，那滋味就好比得到了一位优雅贵妇的亲吻，让人觉得既甜蜜又幸福。

如何选择适合自己的抹茶粉？众所周知，日本产的抹茶粉无论在品质还是口感上都是最好的，但是面对各种各样的抹茶粉，我们该怎么选择呢？以颜色选择为优先考虑的话，青岚的绿是最纯粹最美的，如果你要选苦味重一点的抹茶粉那应该用五十铃，如果你希望你的抹茶味小甜品不要太鲜艳的绿色，也不需要太浓的茶叶，那若竹是不错的选择。

玻尿酸是你的抗衰神器，而运动是我的香煎三文鱼配牛油果拌饭

如今的微整技术越来越流行与普遍，这已经不再是专属于明星艺人的抗衰法宝了，越来越多的普通人也加入到这个行列中。虽然没做过微整，但我始终认为，能对抗岁月、保持活力的，除了读书，便是运动。

曾几何时，我和绝大多数人一样，是一名名副其实的懒癌患者。直到发现体重达到了历史新高，才下定决心改变饮食习惯，制定运动计划。至今已有两年多的时间，体重基本没有太大浮动。

不要和坚持运动的人做朋友，因为他们的毅力都太惊人，自虐程度也是让你难以想象。我就是那种冬天闹钟一响就可以立马起床的人，也是对于高热量食物的诱惑可以毫不犹豫拒绝的人。因为运动，让我变成了更自律、更有执行力的自己。

我也更愿意和有运动习惯的人做朋友。因为他们都是严于律己的人，能掌控自己的体重，才足以掌控自己的人生。

很多人和我一样，一开始的运动是为了减肥，为了塑形，为了外貌。但一旦运动上瘾了，你会发现，它为你开启了内心被封存多年的“洪荒之力”。不运动，就不知道自己竟然有如此强大的毅力，也不知道自己可以忍受多么大的痛苦和疲惫。一次次地运动，一天天地加大运动量，就是一点点地挑战自己。如果我能战胜自己的懒惰、惯性、恐惧，那这世界上便再也没有什么可以打倒我的事情了。

阅读和运动，是我唯一不能停止的两件事。前者让我灵魂永不衰老，永远都保持思考的习惯，后者让我的身体永远充满力量，感觉自己强大得像一个无所不能的HERO。

运动，让我遇见了更好的自己。

如果把运动和饮食结合起来，能帮助你达到更多的塑身效果。而这几年大热的牛油果，虽然味道令很多人无法接受，但其实营养非常丰富，热量也不高，如果换一种品尝方式，也许你会爱上它独特的柔软浓郁的口感。而三文鱼，是众所周知的减脂增肌食物，配上牛油果，一定会让你对这两种食材有颠覆性的看法。

① 牛油果 1个

② 米饭 一小碗

③ 三文鱼片 少许

④ 芦笋 少许

⑤ 柠檬片 两片

① 牛油果对半切开，用金属勺子挖出里面的果肉。用工具压成泥状。

② 把蒸熟的米饭倒入牛油果泥里面，搅拌均匀，使每一粒米饭都包裹着牛油果泥，根据个人口味，可适当加一些盐或者胡椒调味。

③ 三文鱼切成薄片。起油锅，大火，倒入少许油。 温度升高后，转小火，放入三文鱼片。煎至边缘微微卷起，关火，用锅子的余热把另一面煎熟。根据个人口味撒上胡椒粉或其他调味料。

④ 烧一锅开水，放入盐，水开后把芦笋放进去汆一下， 捞起来。

⑤ 把拌好的米饭倒入一个小碗里，压实，然后倒扣在盘子上，周围分别摆上三文鱼片、芦笋和柠檬。

牛油果除了可以拌米饭食用，也可以用来拌意面，同样非常美味。我们在做蛋糕和饼干时，还可以用牛油果代替部分的黄油，不但更加健康，而且大大降低了发胖的风险。吃惯了蛋炒饭和菜饭的朋友，不妨可以试一试这款米饭的新吃法，一定会给你带来不一样的味觉体验。在坚持运动的同时，我们也不能亏待了自己的胃呀。

来自大洋彼岸的甜蜜
棉花糖布朗尼

曾经我有过一个非常懂得生活的好朋友，可惜他远在美国。他和我一样，喜欢做菜，擅长烘焙，每次做完一桌菜都会拍上好几组照片与我共享。我一直说他是个当之无愧的生活家。有时我们会视频教对方做菜或者甜点。在美国生活了好多年的他，自然会做最本土的甜点——布朗尼。如今，我仍然记得当时他做布朗尼时的样子，即使我们已经好多年没有再见面了……

① 烘焙专用黑巧克力 150g

② 鸡蛋 3个

③ 低筋面粉 100g

④ 棉花糖 135g

⑤ 黄油 140g

⑥ 坚果（碧根果、核桃肉、腰果都可以） 50g

⑦ 白砂糖 150g

⑧ 香草精 少量

做法

① 把黄油和巧克力放在隔热器皿里，隔水融化，然后放置在室温下备用。

② 把糖、鸡蛋、香草精一起放入大碗搅拌均匀。

③ 待融化好的巧克力凉到体温的时候，倒入步骤②中搅拌均匀，然后筛入低筋面粉混合至没有干粉状，倒入方形烤盘内。

④ 烤箱预热180℃，把巧克力面糊放入烤箱烤20-25分钟。

⑤ 烤好后取出，在上面撒上已经碾碎的坚果颗粒，再铺上一层棉花糖，送入烤箱，用180℃继续烤10-15分钟。到棉花糖表面金黄即可。

⑥ 烤好后取出，室温放凉。在表面挤上巧克力酱作为装饰。

悄悄话

这款布朗尼是他到美国后学会做的第一道甜点。如今的我，没有他的视频教学也能熟练地操作了。时间改变了太多人、太多故事，可在故事里品尝过的味道，却一直会存放在记忆深处。每一个爱做菜、爱生活的人都值得被温柔对待。

一枚玛德琳，带你《追忆似水年华》

百香果玛德琳

玛德琳是一种法式风味的小甜点，因为外形像贝壳，所以又称贝壳蛋糕。它做起来难度不大，所以原本用于家庭烹制。法国大文豪普鲁斯特因为对贝壳蛋糕的味觉回忆，写出了文学巨著《追忆似水年华》，因此将贝壳蛋糕推上了历史舞台，也将这款法式小甜品推广到了全世界蛋糕的殿堂上。

而我总喜欢在传统的美食上，加上一点自己的独特口味，比如这款百香果口味的玛德琳。百香果的学名叫西番莲，主要产自广西、广东、福建、海南、云南等省，以及东南亚和美洲等。它的果肉呈液态状，口感非常酸，我们一般用它来泡水直接饮用或者加在饮料里增加风味。它的香味非常独特，闻起来让人身心愉悦，于是我想着如果把它和蛋糕结合在一起，一定会让幸福感加倍，所以就有了这款不油不腻、酸酸甜甜的百香果玛德琳。

① 低筋面粉 100g

② 黄油 60g

③ 白砂糖 50g

④ 泡打粉 2g

⑤ 鸡蛋 100g

⑥ 百香果 3个

1

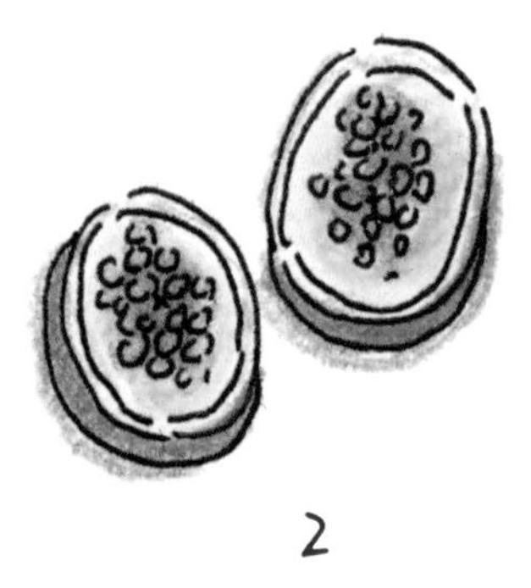

2

3

做法

① 黄油在微波炉里叮一下，融化成液态备用。

② 鸡蛋搅打均匀后，加入白砂糖搅拌至糖完全融化。

③ 在蛋液中筛入低筋面粉和泡打粉。搅拌至无干粉状态。

④ 倒入融化成液体状态的黄油，继续搅拌。

⑤ 百香果对半切开，挖出果瓤，倒入面糊中，搅拌。

⑥ 盖上保鲜膜，把半成品放入冰箱冷藏半小时。

⑦ 模具上涂上一层食用油，把冷藏好的面糊装入裱花袋，挤入模具内。八分满就可以啦。

⑧ 烤箱预热180℃，烤12-13分钟，如果模具较大，200℃烤23分钟。

4

5

烤好的玛德琳表面金黄，吃起来外壳是脆脆的，里面是蛋糕软绵绵的组织，口感非常好。因为加入了百香果的缘故，使这个小蛋糕吃起来有一种特别的清香，一口一个，是非常受小朋友欢迎的一款小甜品。

吃着自己烘烤的玛德琳，仿佛离法国大文豪普鲁斯特更近了一些，让玛德琳带着我们也去追忆似水年华吧！

酥过林志玲的坚果小酥饼
腰果酥

每当过年的时候，家里总是会备有许多坚果，眼看着夏天就要来了，坚果还没有消灭掉。但是坚果不宜在夏天储存，容易潮湿，有什么方法可以迅速吃掉家里剩余的坚果呢？不如就做些坚果类的小饼干吧！网上关于饼干的方子五花八门，配方上稍作改变，口感和风味就会大不同，而我选择了酥酥的小饼，因为酥香的口感和脆脆的腰果更配，而且家里的老人也可以吃。

当然啦，你可以做杏仁小酥饼、花生小酥饼。这款小饼干虽然食材普通，但是做起来却别有一番风味，像极了澳门小酥饼的口感。

① 黄油 120g

② 糖粉 70g

③ 鸡蛋 一个

④ 低筋面粉 200g

⑤ 泡打粉 1/2 tsp

⑥ 盐 一小撮

⑦ 原味腰果（或其他坚果） 三十颗

① 黄油室温软化后，加入细砂糖，用电动打蛋器打发至颜色变白，呈轻羽毛状。

② 在打发好的黄油里，加入半个鸡蛋液（大约30g）继续搅打均匀。

③ 筛入低粉、泡打粉、盐，用刮刀切拌成面团，放入冰箱冷藏30分钟。

④ 从冰箱取出冷藏好的面团后，取一小块，揉成球形，稍微压压扁，像mini版的桃酥那样，每颗大概8-9g。

⑤ 把刚才剩下的鸡蛋液刷在捏好的饼干上，然后再摁上半颗腰果（不要一整颗哦，一瓣两瓣用。而且务必用原味的，盐焗或者其他口味的经过烤箱的二次烘焙会发黑，影响颜值和口感）。

⑥ 摁上腰果后，再刷上一层蛋液，可以多刷几遍，刷越多层颜色会越诱人。

⑦ 烤箱预热到175℃之后，就把小酥饼放进去，烤15-20分钟就可以啦。

刚烤好的腰果小酥饼的香味能淹没整幢楼！一口咬下去，既有腰果的香脆，又有饼干的酥松，好吃到不肯松手。

如果没有合适的人同行，不如就独自上路

去过一些地方旅行，配搭过几个旅伴。有些旅伴很靠谱，有些却无法再约第二次旅行。有些还未出行就放鸽子，有些懒得做任何行程攻略却在旅行中诸多意见，有些去哪都是“没意思”，吃什么都随便，但最终从来不会真的“随你的便”，有些一路抱怨到想把ta从车子里扔出去……遇上这样的旅伴，不如自己独自上路，虽说有些孤单，却也落得自由与省心。

满心欢喜和朋友约去听音乐会、看音乐剧，结果发现在中途ta竟然呼呼大睡，那下次不如自己来静静欣赏。提前几个月就买好画展的早鸟票，无比期待地和朋友一起去看，结果ta一直在絮叨“这画的什么鬼玩意？”“这也叫名画啊，我幼儿园就能画。”“你们画画的真好赚钱啊，随便涂两笔居然卖这么贵！”……那下次我便再也不会与ta来看画展。读到一本书、看过一部电影觉得对自己很有启发，想分享给其他人，他们却说不喜欢看书、这种题材的电影没意思，那下次就不要再自作多情地想与

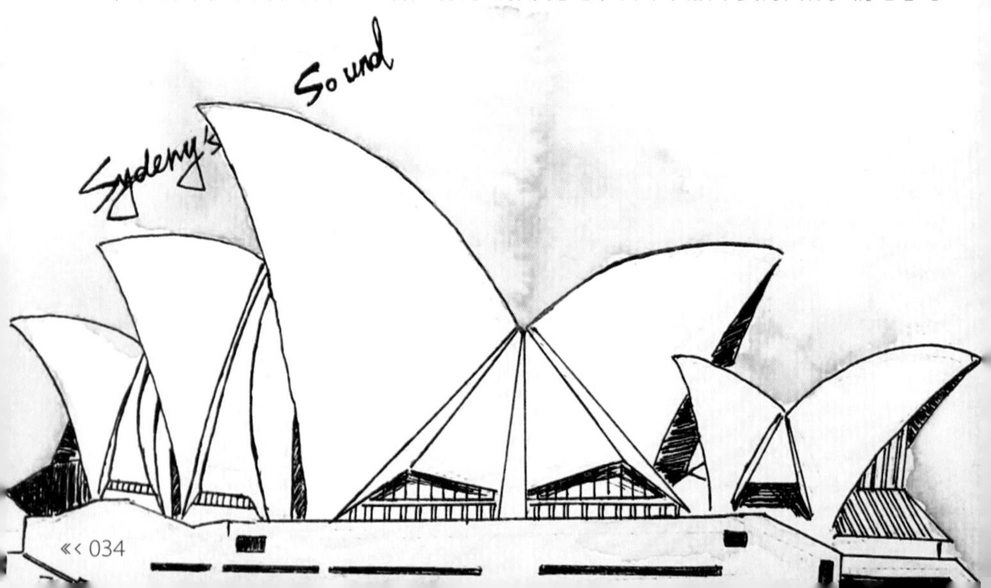

人分享与交流心得。

哪怕只是吃饭这件小事，也很难遇到“知音”。辛辛苦苦做了一桌充满新意的美食，食者只是淡淡地说了句“还行”，真的只是“还行”吗？我看也未必。食物在他们眼里只是填饱肚子的工具，至于是人间美味还是一锅泡面，好像差异并不大。

说到底，每个人的爱好、偏好、品味都不同。你奉之为珍宝的东西，人家也许觉得寡然无味。你潜心钻研的爱好，在人家看来也许真的是无聊透顶。就好比我狂热的美国抽象表现主义大师波洛克的画，绝大多数人都无法欣赏，认为只是“孩子的胡乱涂鸦”。

人这一生就是这样，我们需要寻找的不过是一个可以互相理解和欣赏、步伐一致的人。如果没有，不如独自上路。

无论朋友还是伴侣，吃不到一起、聊不到一起，互相欣赏不了对方就无法长久地走下去。一开始我们会被美貌吸引、被学识吸引、被金钱吸引，但最终能让一段关系持久的不过是内在的相惜和吸引。

世界上没有完全相同的两片叶子，所以我们不得不承认的是，没有两个人的兴趣爱好、品味格调完全一致。只是合适一起上路的人，他们可以有求同存异的点。你可以沉溺于网络游戏，只要你的伴侣同样喜爱或者理解，你可以不修边幅、丢三落四，

just because
I love you.

也许这些在那个与你相吸的人眼里都是可爱的缺点。而你永远打扮得一丝不苟，积极向上，从不抱怨，没有丝毫负能量，在不理解你的人眼里也许就是一个字——装。所以说到底，是不是一路人决定了我们能不能一起上路。

而这种“是不是一路人”不是西红柿炒蛋要不要放糖，也不是先吃早餐再刷牙还是先刷牙再吃早餐这些生活习惯，我认为是无法磨合和轻易改变的。这种合与不合应该是本质的东西。

拿生活细节来说就是，你喜欢去世界各地的二手市场淘一些有质感、有故事的家具和摆设，那你一定无法接受一个喜欢在淘宝上买9块9包邮化妆盒的另一半。你喜欢买一些手作孤品，那你一定不能接受超市货。你装拉面、装沙拉都要用不一样的碗碟，面对一桌用不锈钢盆子装的饭菜又怎么能吃得下去?

拿工作、事业、人生来说，基础应当是理解，其次应该要欣赏与支持。你为之奋斗的事业也许和你伴侣从事的领域毫不相干，ta可以不懂，但不能轻视。一个能造得出飞机的人未必能烧好一碗阳春面。无论你在自己的领域取得多大成就都不该轻视其他任何行业，更何况那是你伴侣的事业与梦想。尊重、理解并支持你伴侣的事业，是两个人能否长久走下去的重要前提。

我知道这些都很难，太难。当我们年纪越来越大，就越习惯自己的那一套，很难再为谁改变和妥协。委曲求全去迎合对方并不能换来长久的幸福。所以如果找不到合适的人一起上路，不如就自己启程出发。

你要相信，一个人上路并没有太困难与无助，如果找了一个不合适的旅（侣）伴；那这条路上将会充满烦躁、争吵、乏累与纠结……不用为了填补所谓的一点点的空虚感就非得生拉硬拽个人一起上路。比起无止尽的争吵和矛盾，那一点点孤独感真的算不了什么。

我们生来本是孤独的，又何必回避孤独。更何况，当你在孤独中变得强大与优秀，有没有同行的人，已经不再是那么重要了。

初夏的味道
木瓜椰奶冻

江南的六月天下着没完没了的雨，但是空气中早就嗅到了夏天的味道。夏天是什么味道的呢？是透过茂盛的梧桐树叶洒在马路上的阳光的味道，是开着冷气赤脚走在地板上吃着冰淇淋的味道，还是看着好像永远播不完的《西游记》的儿时暑假的味道？

对于我来说，夏天，也许就是一片木瓜椰奶冻的味道。

① 木瓜 一个

② 吉利丁片 2片或鱼胶粉或琼脂 5g

③ 椰奶 250ml

① 椰奶小火加热，不用烧开。（可以根据自己口味适量加糖）

② 吉利丁片冷水中泡软，放入加热好的椰奶中，快速搅拌，直至完全溶解在椰奶中。

③ 木瓜从1/4处切开，用勺子把里面的籽都挖出来。用勺子把内壁挖得平整一些。

④ 把木瓜放到一个容器中，立住不倒。把加入吉利丁片的椰奶倒入木瓜中。

⑤ 盖上刚才切下的木瓜盖子，放入冰箱中冷藏至少3个小时，直至椰奶完全凝固。

⑥ 切开，就可以吃啦。又美味又简单。

悄悄话

外貌控们，这款简单易做的甜品，你没有理由再拒绝了吧？

我也要过儿童节
萌萌哒煎蛋饼干

在我内心好像一直住着一个长不大的小女孩：她爱Hellokitty、爱动画片、爱着一切萌萌的美好的事物，尽管独立成性的我早已习惯一个人看电影吃饭，能够自己换饮水机上的水桶，修理马桶和换灯泡也是小菜一碟，但那个弱弱的小女孩却一直被我保护着，不愿让她长大。

所以，尽管我是可以做上一大碗辣子油泼面，自己吃个精光的女汉子，但同时我也喜欢做一些特别小巧可爱的小点心，在午后的园子里一边看看书，一边吃

着自己做的小点心，做着自己无边无际的公主梦。这大概是在工作之余最大的享受了。

去年六一儿童节的时候，无意中在“下厨房”app上看到了一款萌萌的煎蛋饼干。于是我根据方子，稍加改动，做出了这款小饼干，作为给自己的节日礼物，同时给我身边的大龄儿童们也送去了一些，大家都被这款饼干萌到了，纷纷表示这是他们吃过最可爱最有趣的饼干。

① 低筋面粉 100g

② 黄油 60g

③ 糖粉 55g

④ 白色棉花糖 适量

⑤ 彩虹糖（只需黄色）适量

⑥ 竹炭粉 5g

⑦ 泡打粉 2g

做法

① 黄油室温软化后加入糖粉，用打蛋器搅打均匀。

② 加入蛋液，继续打发。

③ 筛入低筋面粉、竹炭粉、泡打粉，搅和均匀，放入保鲜袋，放冰箱冷冻30分钟以上。

④ 出面团，用擀面杖擀成面皮，不要擀太薄，因为平底锅都是有些厚度

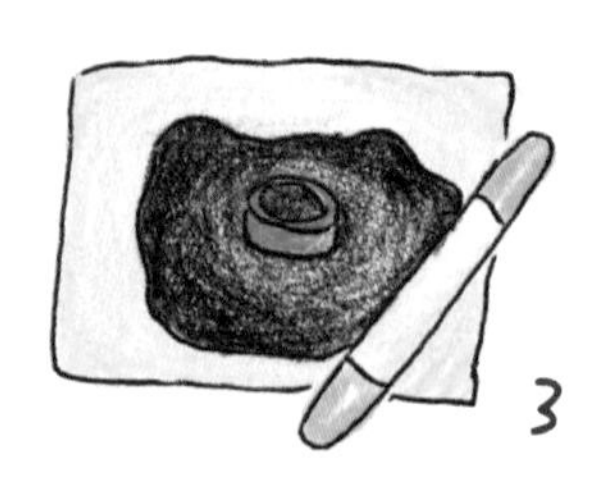

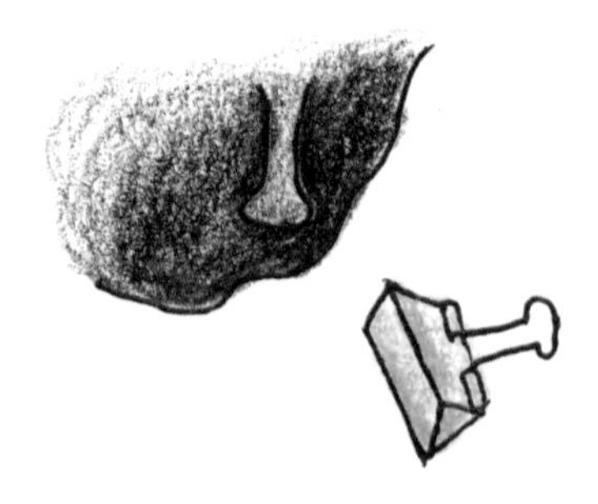

的。用圆形的模具（或者酒瓶盖子）印压出圆片状，作为平底锅的锅底部分。

⑤ 用小刀在剩余的面皮上划出平底锅手柄的形状。（或者可以借用一个办公用的夹子，用夹子的手柄处按出形状。）

⑥ 把手柄和锅底按在一起。

⑦ 用小号圆形裱花嘴在手柄底部挖一个洞，让手柄看起来更真实些。

⑧ 烤箱预热180℃，中下层烤10分钟。

⑨ 棉花糖切成薄片，放在烤好的饼干上，继续烤1分钟左右。

⑩ 最后放上一颗黄色的彩虹糖在棉花糖上，就完成啦！

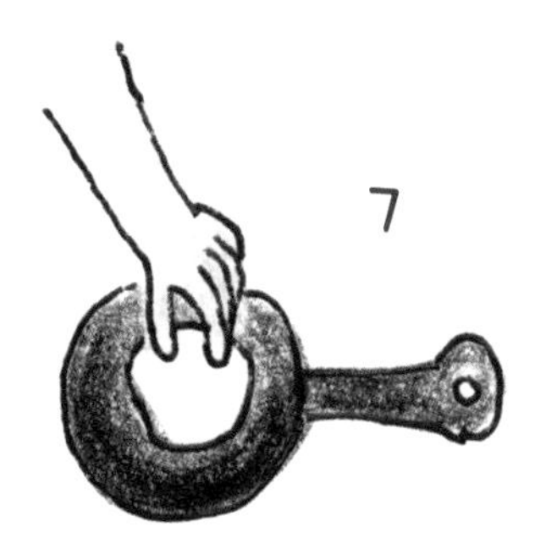

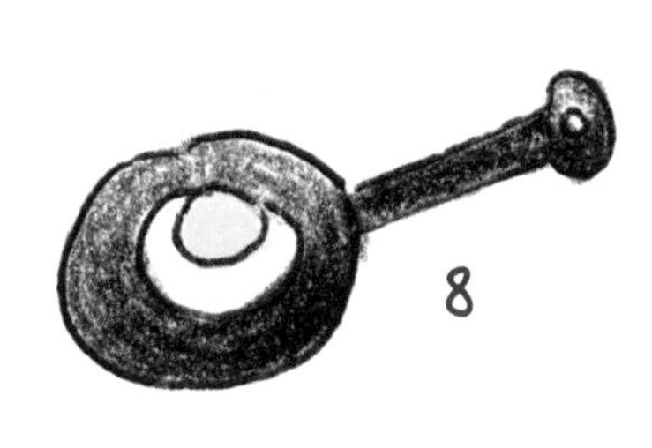

悄悄话

这款饼干一口咬下去不但有饼干酥酥的香味，还混合着棉花糖和巧克力的口感，真是一种特别的味蕾体验，而它独特的黑乎乎的颜色，更加让人迫不及待地想尝试一口。这么可爱的一份饼干，是否能唤醒你心中那个沉睡的公主梦呢？

馋嘴零食自己做
香辣牛肉丝

夏夜，没有什么比一边看体育比赛一边吃点重口味的零嘴更惬意的事儿了，啤酒、鸭脖、花生米，这些都是看各种比赛的标配。有时也许我们并不是非常热衷于看比赛，就是想给寂寞的嘴巴找个借口吃点东西罢了。“葛优躺”在沙发上，吃着零嘴，看看比赛，这才是夏夜的正确打开方式啊！光想想都觉得美妙。趁着这美好的夏夜还在继续，不如大家和我一起学做一份和看比赛特别配的小零嘴吧——香辣牛肉丝。

① 煮牛肉：把牛肉切大块加姜片放入锅中，倒入足够多的冷水，煮至水开后继续煮5分钟，直到肉块表面变白后关火。

② 煮好的牛肉放在饮用水下不断冲刷，把表面的杂质冲洗干净后，放入高压锅内胆中，加入到牛肉2/3处高度的水，再加两勺盐和姜片、花椒粒，搅拌一下，再选择“豆类、蹄筋”功能键，煮至牛肉熟。（如果你要做牛肉丝，可以多在高压锅里焐一会，让肉质

纯精肉牛肉 4.5斤

盐适量　生姜适量

花椒粒一小把　辣椒粉少量

花椒粉适量　孜然粉适量

熟白芝麻50g　高度白酒25g

白砂糖45g　生抽一大勺

橄榄油380g

更烂一些。如果做牛肉干，肉质需要一些嚼劲，那么等肉熟了就可以拿出来了。）

③ 等高压锅自然减压后打开锅盖，捞出牛肉，放至不烫手后切成细条，再把肉条撕成细细的牛肉丝。

④ 接下来我们来做调味料。把辣椒粉和花椒粉倒入锅中，中小火翻炒3-4分钟至香味后盛出。

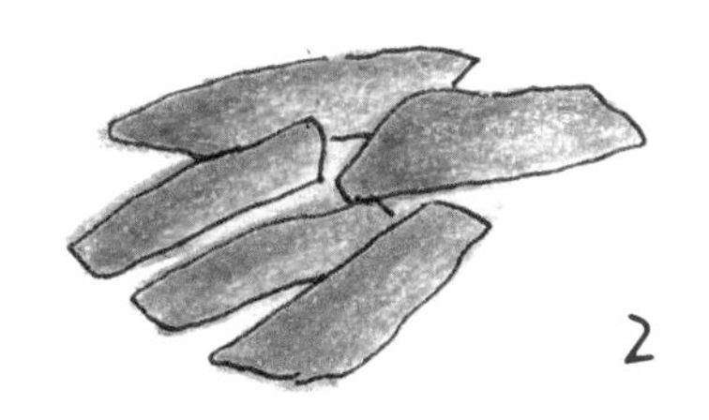

⑤ 另起一个油锅，倒入380g左右的橄榄油，放入牛肉丝中小火翻炒，待牛肉表面稍微变深的时候，倒入适量白砂糖、生抽和两大勺盐，继续翻炒。根据口味，再酌量加入白砂糖，最后快出锅前加入之前炒好的辣椒粉、花椒粉和芝麻翻炒均匀即可。

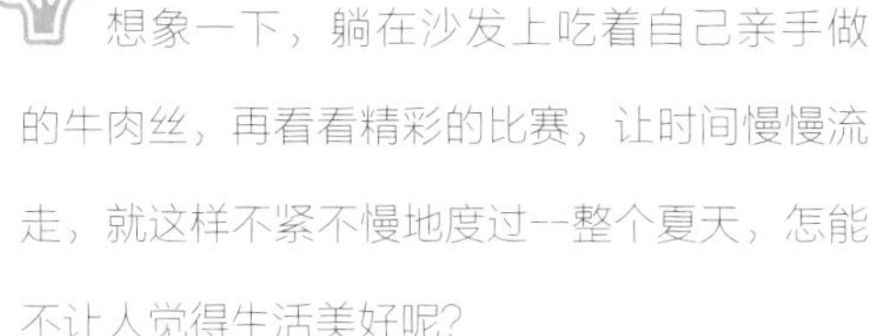

想象一下，躺在沙发上吃着自己亲手做的牛肉丝，再看看精彩的比赛，让时间慢慢流走，就这样不紧不慢地度过一整个夏天，怎能不让人觉得生活美好呢？

没有在夏天下过厨房的人，不足以谈生活

凉拌鸡丝

江南的黄梅天，和少女的忧伤情怀一样，总是断断续续、没完没了。黏糊糊的空气里弥漫着慵懒和乏力的气息。想去阳光灿烂的大海边，看看碧海蓝天，听听海浪声敲打着沙滩，喝上一杯芒果汁，享受着专属于夏天的假期。

可是，当你在吹着空调还抱怨天气太闷热的时候，有没有想过那个每天在厨房里为你准备一日三餐的人？大概没有哪个地方能比夏天里的厨房更遭罪了。

所以，我想研发一些尽量没油烟、不用翻炒的菜肴，让每天都要做菜的人减少一些负担，多一丝丝清凉，哪怕只是一点点。

主料：

① 鸡胸肉 2块

② 黑木耳 10朵

③ 萝卜 1根

④ 黄瓜 1根

辅料：

① 葱白 1-2段

② 生姜 几片

③ 酒 10ml

调味汁：

① 生抽 一勺

② 醋 少许

③ 白糖 一勺

点缀：

① 白芝麻 黑芝麻

② 香菜碎

③ 小葱

做法

① 锅中放入冷水，加入葱段、姜片、料酒，将鸡胸肉放入锅中，大火煮至沸腾转小火，再继续焖5-10分钟。

② 筷子戳一下看看，熟了就捞起来，放在净水下冲洗干净后放入盘中，盖上保鲜膜，自然冷却。

③ 黑木耳提前泡发好，洗干净，用滚水烫一下，切成丝备用。

④ 胡萝卜洗干净后，切成丝备用。

⑤ 等到鸡胸肉不烫手之后，用肉锤敲敲松，再用手撕成丝。

⑥ 另取一个干净的小碗，依次加入调味汁：醋、生抽、白糖少许，搅拌入味，倒入鸡丝里，戴上一次性手套，抓拌均匀。

⑦ 盛入碗里后在表面撒上香菜和黑、白芝麻点缀，看起来更有食欲。

没有在夏天下过厨房的人不足以谈生活。那个肯为你在夏天下厨房的人，一定是深爱你的人。

GOOD
MORNING

我想把你比作夏天，好不好？
夏日特饮

九月，持续的高温终于过去，慢慢开始恢复了让人可以接受的温度。Anyway，无论夏天是怎样一幅画面，她都是我内心最珍爱的那段时光。

透过茂密的梧桐树叶洒在马路上的阳光，吹着晚风路过小河边，偶尔抬头瞥见的满天星光，还有跑完步回到家打开冰箱，喝上的那一口冰镇的乌梅汤。这些五彩缤纷的元素就是我对夏天所有的理解与期盼。即使，我一个人度过了无数个夏天，可我仍然觉得她有滋有味，妙不可言。

就像我做的那一杯夏日特饮。

做夏日特饮的材料很简单，也很随意，可以做任何你自己喜欢的配搭。

① 各种水果：

百香果

青柠

柠檬

柚子

西瓜

树莓

② 薄荷叶

③ 巴黎水Perrier（一种带气泡的矿泉水，产自法国南部，各大超市有售。）

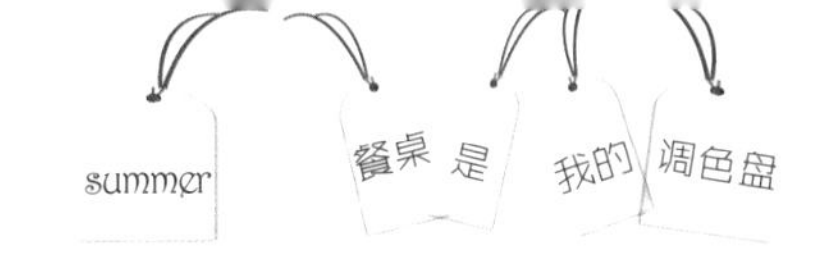

做法

把水果切成薄片，倒入巴黎水，根据自己口味可适当加入蜂蜜调味。装入漂亮的容器或者纸袋里（方便携带），放入冰箱冷藏即可。

嘀嘀话

缤纷的水果浸泡在冒着气泡的巴黎水里，就像一个个小精灵在舞蹈。喝上一口，既有巴黎水淡淡的咸味，更有各种水果糅合在一起的清香。我觉得无论是它貌美、干净的外观，还是喝入嘴后平淡却又层次丰富的口感，这款夏日特饮都和爱马仕的尼罗河花园香水特别match。不甜腻、不矫情、不炫耀，一点点的苦涩、一点点的酸，才能衬托出就那么刚刚好的甜度，和刚刚好的香气。

就是一种特别夏天的味道，能让你内心平静下来的味道。

宁夏的夜晚，给自己喷上一点点尼罗河花园，喝上一杯自制的夏日特饮，再享受一点的话，可以打开Monet的画册，无数次地欣赏一下他的《睡莲》系列。这三种元素碰撞在一起，没有比它们更能象征夏天的了。

拥有着这样一个仲夏夜之梦，心中已然是无比平和与满足。

外表和内涵同样重要
越南春卷

我还从未去过越南，对越南的美食并不了解，之前也未曾尝试过。直到去年九月末，我跑去上海富民路那边的某餐厅吃午餐。

夏末秋初的上海真美啊，道路两旁的梧桐树开始慢慢泛黄，法式的小洋

房各有特色，走在这些路上真是一种享受。坐在初秋的上海街头吃一顿午餐，喂饱的可不止是胃，还有眼睛。

喂饱眼睛的也未必都是美景，可能是美食。

比如我点的那份“越南春卷”。

作为一家港式茶餐厅，也许这里的越南春卷做得并不是非常正宗，但一点都不妨碍我对它的喜爱程度。

因为越南春卷简直就是现代女性的榜样啊——有颜值、有内涵，还健康，几乎没有热量的负担。这么好的食物，我怎么能错过，何不自己动手试一试呢？

食材

① 越南米纸

② 虾仁 生菜 黄瓜 胡萝卜 紫包菜 鸡蛋（任何你想吃的食物）

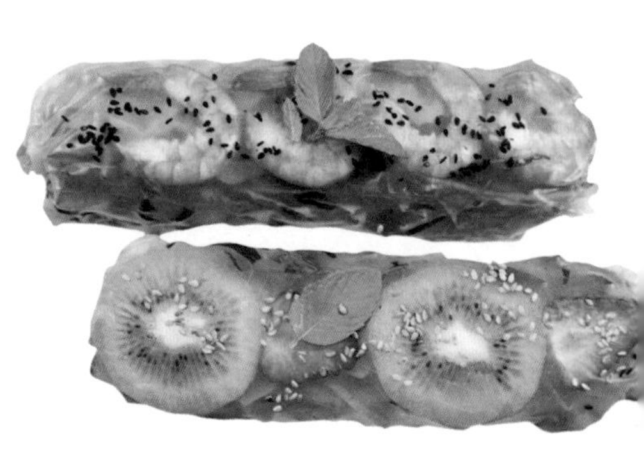

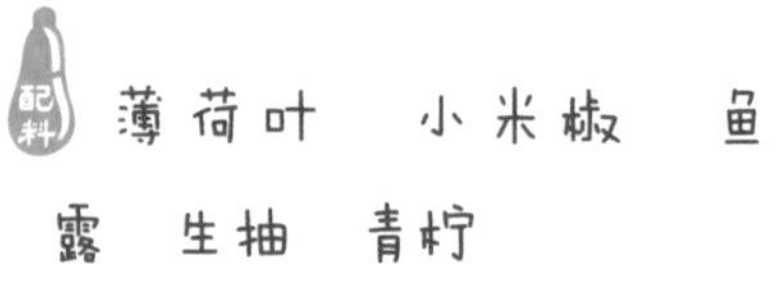

做法

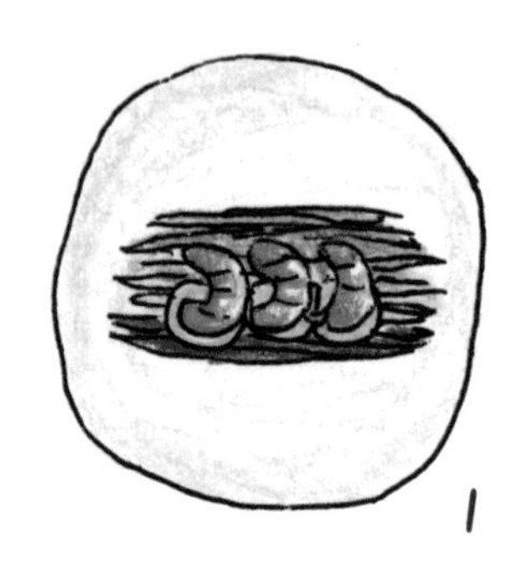

① 虾洗净后，剔除虾线、虾头，放在加入葱、姜、料酒的水中煮熟。捞出过冷水，待完全冷却后，剥去虾壳。

② 黄瓜、胡萝卜、紫包菜洗净后切成丝，胡萝卜在滚水里氽一下。生菜、薄荷叶洗净备用。

③ 平底锅加热，鸡蛋打散，加少许油，摊成薄薄的蛋饼。待蛋饼完全冷却后，切成鸡蛋丝。

④ 米纸用温水泡软，5秒钟即可。（时间太长米纸容易破。）

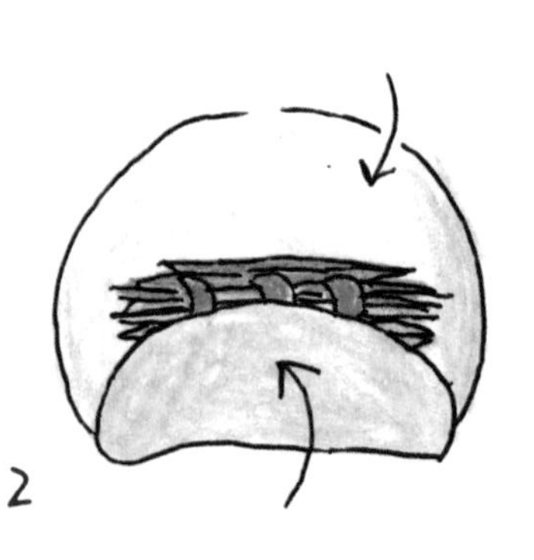

⑤ 在泡好的米纸上将生菜、薄荷叶、鸡蛋丝、黄瓜丝、紫包菜丝、胡萝卜丝、虾仁放入其中。可以根据颜色的配搭选择排放

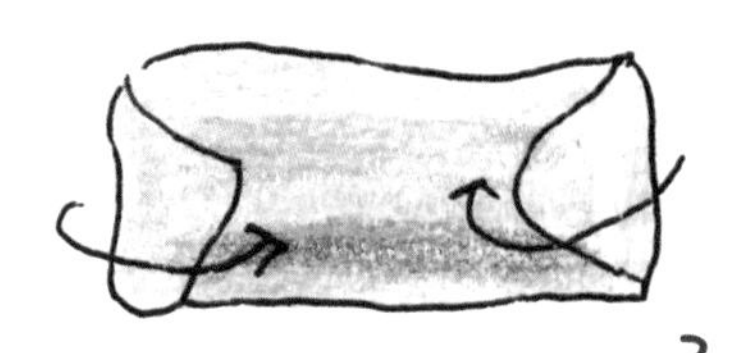

的位置。

⑥ 将米纸从下往上包好，切掉左右两边多余的米皮即可。

⑦ 用生抽、鱼露、切碎的小米椒，再挤一点青柠，制作成一碗酱料，蘸着调料超好吃！

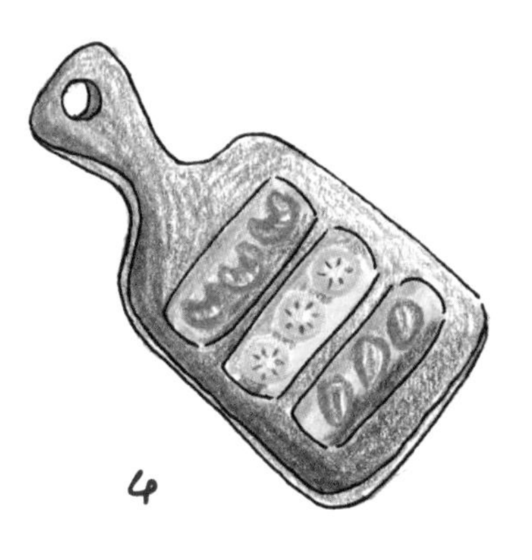

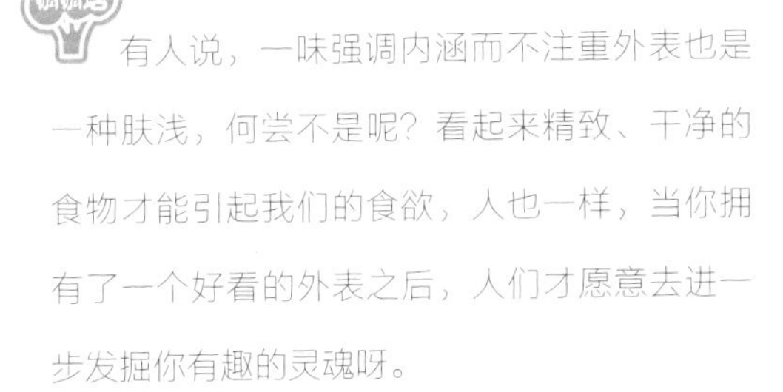

有人说，一味强调内涵而不注重外表也是一种肤浅，何尝不是呢？看起来精致、干净的食物才能引起我们的食欲，人也一样，当你拥有了一个好看的外表之后，人们才愿意去进一步发掘你有趣的灵魂呀。

遇见 Rainbow
彩虹慕斯蛋糕

还记得人生第一次遇见彩虹是儿时在乡村田野上的假期。傍晚时分，早早就吃好晚饭的我，躺在二楼的门板上傻傻地望着刚下过雨的天空，乡村的天空特别安谧宁静，迷迷糊糊得就快要睡着。朦胧间，我发现天上出现了一道七彩色的拱桥，从来没见过彩虹的我激动地大呼小叫，喊来家人一起观看这神奇的景色，在农村长大的小伙伴们“扑哧”一声笑了，“我们这经常能看到啊，看把你激动的……”

后来在城市里虽然偶尔也能看到一小段彩虹短暂地出现，但再也没有儿时第一次见它时那种震撼和难忘了。直到好多年前的有一次，有位故人在一万一千公里之外的佛罗伦萨机场，拍到了一道双彩虹。照片里，双彩虹挂在飞机尾翼上，刚下过雨的地面上清晰地倒映着两道彩虹，相交辉映，比儿时那道彩虹更让我觉得震撼。故人发来照片的同时配文，“候机中，发现双彩虹，分享给你。等你睡一觉起来，明天我就和你在同一个城市看同样的风景了。”

在雾霾日渐严重的城市里，我已经有好些年没再见过彩虹了，儿时的小伙伴、二十啷铛岁一起牵手走过的故人也渐渐消失在时光隧道里……可我仍然觉得那道七彩的光芒是那样的耀眼和美好，让人久久不能忘怀，总想把它再复制出来，让记忆停留在味觉上。

① 酸奶 225g

② 淡奶油 225g

③ 糖粉 60g

④ 吉利丁片 12g

⑤ 进口食用色素 5种

① 吉利丁片放入冷水中泡软、去腥味，备用。

② 将糖粉倒入酸奶中，搅拌均匀。

③ 把沥干水分的吉利丁片放入酸奶中，隔水加热。直到吉利丁片完全融化在酸奶里。

④ 将淡奶油打发到五分左右，能看到纹路就可以。这是做这款彩虹慕斯的关键所在，一定要掌握好淡奶油的打发状态。

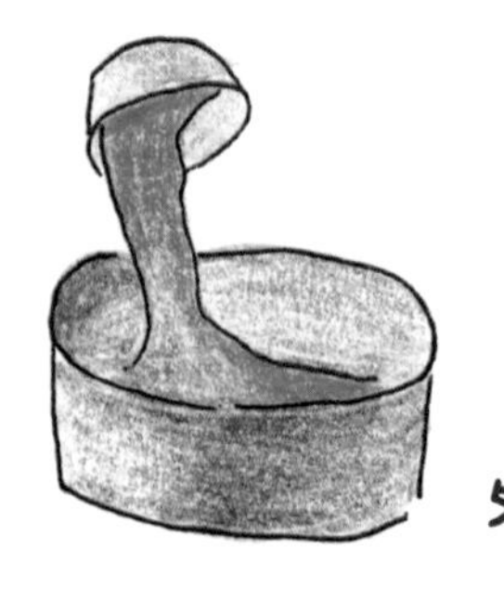

⑤ 分三次将酸奶倒入淡奶油中，充分混合均匀。

⑥ 找五个同样大小的碗，从多到少依次倒入五份慕斯溶液。

⑦ 根据自己的喜好在五份慕斯里分别加入五种色素。用牙签沾取一点点色素，慢慢搅拌均匀，不需要倒入太多，颜色淡一些比较好看。

⑧ 从量最多的颜色开始倒入六寸圆形模具，倒好后，轻轻摇晃，让最底层的慕斯均匀铺满蛋糕模具底部。

⑨ 倒入量第二多的颜色，找准圆心，慢慢垂直倒入，从这步开始就不能再晃动模具了。

⑩ 依次倒完所有颜色的慕斯，放入冰箱冷藏四小时以上，过夜效果更好。

俏俏话

很多人可能觉得色素对健康很不利，不敢放，其实买价格高一些的进口色素，基本上对健康没什么影响，我们平时在超市买的饼干、薯片、话梅、糖果等零食其实多多少少都放了色素，只是颜色没这么鲜艳罢了。在平淡无奇的生活里，偶尔给自己来一份这样的彩虹慕斯，相信一定能创造一整天的好心情。

没有你的夏天可以，没有抹茶冰淇淋不行

抹茶冰淇淋

小时候，夏天是一支“娃娃脸”的味道，后来，“和路雪”是我们对夏天所有的期盼，现在，满大街都是哈根达斯和其他各种国外的冰淇淋品牌，我们却很难再和小时候一样，因为一个冰淇淋就能欢呼雀跃很久。

也想有一个夏天，和你走在林阴道上，分享着一个冰淇淋，这次你迁就我买香草口味的，下次我依着你吃巧克力味的。可是这样的你，后来却再也没有出现，你缺席了我很多很多个夏天……

于是，我就苦练做冰淇淋技能。直到有一个夏天，你会来到我身边。你想吃什么口味的，我都能做给你，直到你老到牙齿都掉光，还像孩子一样吃着我做的冰淇淋，乐得像朵花。

我会帮你擦掉嘴角的冰淇淋，“少吃点好伐啦？等会还要吃晚饭呢！”

① 淡奶油 230g

② 蛋黄 2个

③ 牛奶 20g

④ 白砂糖 25g

⑤ 炼乳 15g（没有炼乳的话，就把糖加到50g左右）

⑥ 日本若竹抹茶粉 15g

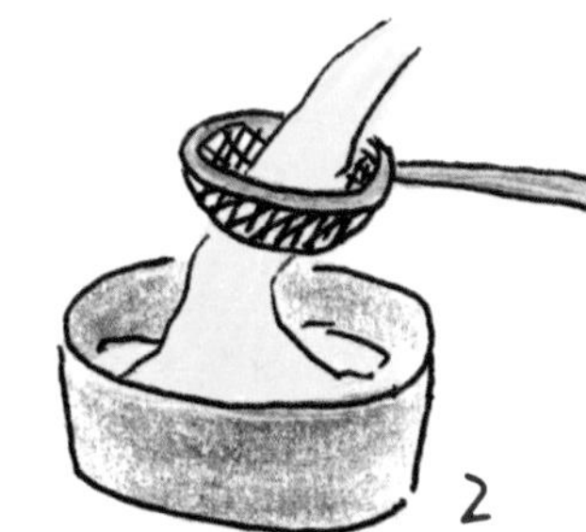

① 一锅热水，把蛋黄、牛奶、白砂糖、炼乳一起倒入干净的盆中，隔水加热，并用手动打蛋器不断搅拌，直至白砂糖全部融化，用小火持续加热。

② 等到蛋黄糊变得很浓稠，就关火，把蛋黄糊过滤一遍，放在一边晾凉备用。

③ 淡奶油中放入抹茶粉，用电动打蛋器打发至淡奶油八分发，可以看见清晰立挺的纹路。

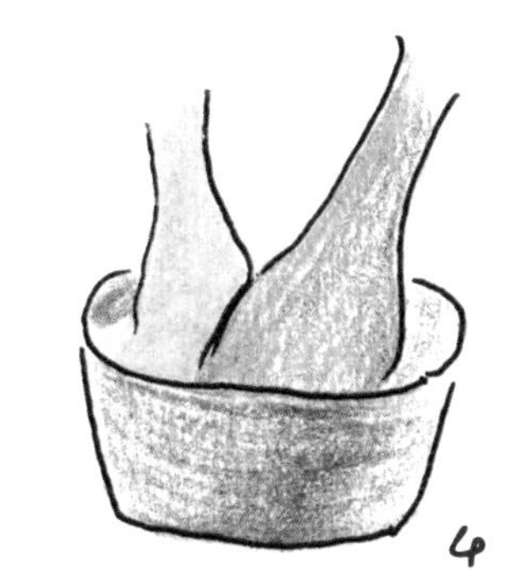

④ 分三次把打发好的淡奶油与晾凉的蛋黄糊翻板均匀。

⑤ 倒入器皿中，盖好盖子，放入冰箱冷冻四个小时以上即可。在食用前放置室温回温十分钟左右，冰淇淋质地会回软，方便挖取。

这款冰淇淋的口感十分浓郁，若竹抹茶粉的颜色也很漂亮，绝对是夏日里的一股清流。如果你不喜欢吃抹茶味，也可以换成其他水果味的粉末（网上有售），或者什么都不加，做成牛奶味的也很好吃。自己做的冰淇淋没有添加剂和色素，可以安心地给家里馋嘴的小朋友们吃个够啦！

读书，使我终归平静

“身体和灵魂，至少有一个要在路上。”

——说走就走的旅行很少人能办到，

说读就读的书 你我都唾手可得。

我的父亲是个读书人，据说祖上几辈亦如此。小时候我家住着只有五六十平米的房子，却有整整一面墙，都放着各种各样的书。所以很小的时候我就知道《古文观止》，也偷偷翻过《曾国藩全书》。印象最深的是，我父亲在洗手间放了一本《尼采文集》，才开始识字的我，竟然假模假样地背起了书中尼采狂妄自大的名言，还引以为

傲，沾沾自喜了整个童年。

上学之后其实我也很少正儿八经地读书，青春时期也不免落俗地看过郭敬明、读过无脑小说。如今对那些书并没有什么特别的印象。以至于我常常想，现在我的浅薄无知，很大程度上是因为在人生最关键的青春期，并没有好好读过有用的书。好在上了大学之后，选择了一个不得不读书的专业，遇到了非常有水准的几位老师，结交了几位追求上进的朋友，便开始慢慢捡起书本，静静读书，静静地学会和自己交流。

读王力的《古代汉语》，并不把它当工具书来读，里面其实有太多有意思的故事；读《易经》更不是用来占卜，它是一本教你如何做人、如何成为“君子”的书；读《诗经》、读唐诗宋词再也不是学生时代痛苦的“熟读并背诵全文”的记忆，而当你看过了一些世界、品味了一点人生之后，你才发现，古人丰富美妙的辞藻语言和他们关于人生、关于处世的哲学智慧，竟然是那样美好，那么能够打动到你的心，他们早在几千年前就说出了我们想说、却无法表达的情愫与想法。这样的读书，怎么能不

觉美妙呢？

我觉得读书就好比交朋友一般，你不能总交和你差不多性格、想法，差不多职业、差不多成长背景的朋友。你需要去见识更多不同类型的人，才能使自己的思维更多元化、看问题角度更全面。

读书亦然。

我大学的专业是中国传统文化方面的，我们的书本、教科书可读性都非常之强，完全不觉得枯燥。古书有一种力量，就是让人平静。它像一针镇定剂一样，能狠狠地打在急功近利、浮躁不安的现代人身上，让人们回归自然、回归原本、回归本真。

专业之外我也会看看“杂书”，因为梁静茹的一首《生命中不可承受的轻》，特意去买来米兰·昆德拉的《不能承受的生命之轻》；最近又因为《北京遇上西雅图2》买来了《查令十字街84号》；因为我喜欢做美食，所以我看完蔡澜写美食的书还觉不够过瘾，又买来他的其他写两性、写人生的著作。

有的时候，我们需要认认真真地去钻研一本书，但更多的时候，更需要通过读书来放松和休闲。

我的身边也有喜爱读书的朋友，但他们喜爱的书又完全不同类型，他们喜欢推荐给我，也常常送我书，我有时看完一本觉得有意思的书，也会在网上买一本寄去给他们。这种分享实在是有趣极了。喜欢与我谈论“国家大事”的男生送了我本《全世界人民都知道》，喜欢研究心理的姑娘把《秘密》分享给了我。

有些书是用来辅助自己的专业知识的，有些书是用来陶冶情操的，有些书就是纯粹用来消遣和打发时间的。我觉得在某种意义上来看，它们并没有高低之分，并不是人家读名著，你看漫画书，你就比人家档次低了。如果一本书能让你感到快乐、读完后能觉得充满力量，那么它对于你来说，就是一本有价值的书，就是一本好书。

而对于我来说，无论是深奥难懂的古文书，让人费解的哲学书，还是看完哈哈一笑的散文小品，它们都有一种共同的魔力——让我思绪平静，内心平和。无论工作的

压力有多大，烦心事有多多，只要打开一本书，就能使自己安静下来，就能让烦躁的情绪慢慢沉浸下来。不管书的内容讲了什么，看完后，都觉得生活仍是美好，人生仍是充满希望。不流连于生活中的小情绪、小感伤，而是能站在更高、更远的角度上去看待生命——这就是读书赐予我的力量。

古人说，“读万卷书，行万里路”。我觉得，没有读到足够多的书就上路去看世界的话，就如同分不清怀素和张旭就开始学习草书一样，就好比分不清弦乐器、木管乐器、铜管乐器和打击乐器就去听交响乐一样。

也许你一辈子也没有到达过很远的地方，但通过读书，你可以看到更多的世界。爱读书的人，一定不会是狭隘和目光短浅的人。

读书是世界上门槛最低的高贵举动。

只要付出一个汉堡的钱，便可以得到一个作者在那段岁月所有的心思与时间。

中式传统点心也可以很貌美

椰汁桂花糕

金秋十月，走在这座城市的大街小巷，能闻到一股扑面而来的桂花香。那浓郁的花香伴随着阵阵凉爽的秋风吹来，实在是初秋里再惬意不过的享受了。可惜桂花的花期实在太过短暂，只悄悄盛开半个月，就又悄然离开了。好在我们智慧的祖先，早在千余年前就发现了桂花不但可以用于观赏，更可以作为食材，加入

食物中，增加香味和丰富口感。直至今日，桂花的食用在我们日常生活中也是非常普遍的：桂花糖芋头、桂花蜜藕，都是老少咸宜的家常料理。

而椰汁桂花糕，这道传统的中式点心，对我来说意义非凡，因为我正式做了这款甜点后，才真正开始对制作美食感兴趣，从而一发不可收。

① 椰浆 250ml

② 糖 50g

③ 桂花 80g

④ 纯净水 160g

⑤ 蜂蜜 适量

⑥ 吉利丁片 5片

① 把吉利丁片用冷水泡软。如果是在温度比较高的夏天，最好要用冰水来泡。

② 把椰浆倒入牛奶锅里，加入50g白砂糖，小火加热、搅拌，到椰浆烧开之后就关火，取2片泡软的吉利丁片到椰浆里，快速搅拌，直至吉利丁片完全融化在椰浆里。

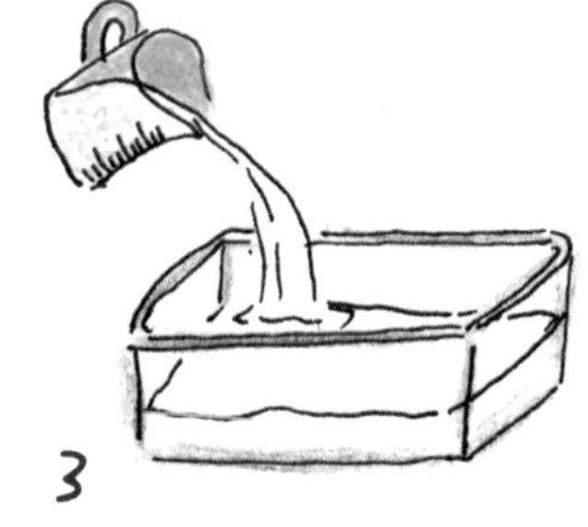

③ 处理好椰浆之后，我们需要找一个长方形的保鲜盒容器，在底部和四周铺上一层保鲜膜。待椰浆冷却到室温，缓缓倒入保鲜盒内。（这里我们要根据自己的需要来决定每次加入椰浆的量，比如我要做四层的椰汁桂花糕，也就是两层椰浆、两层桂花，那么250ml的椰浆分两次倒入，每次大概125ml。）倒入一半的椰浆后，把保鲜盒放在冰箱的冷藏柜，大约20分钟。层次越多，效果就会越好看，当然，同样耗时也就更长。

④ 用同样的方法我们再来制作桂花层，先在牛奶锅中加入纯净水和蜂蜜，待蜂蜜水开后，加入桂花，再次沸腾后关火，放入3片泡软的吉利丁

片，迅速搅拌至吉利丁片完全融化。

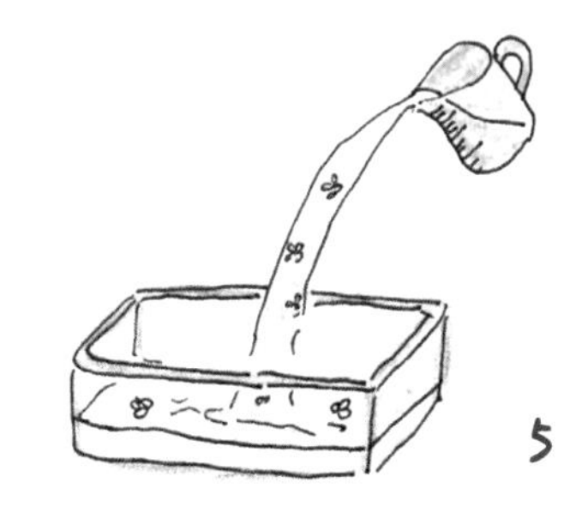

⑤ 等桂花蜂蜜水冷却到室温后，我们再从冰箱取出已经凝固冷冻成型的椰浆层，缓缓倒入桂花蜂蜜水，还是和椰浆层一样，我们需要计算一下每次倒入的蜂蜜水的数量，大概是80ml左右。

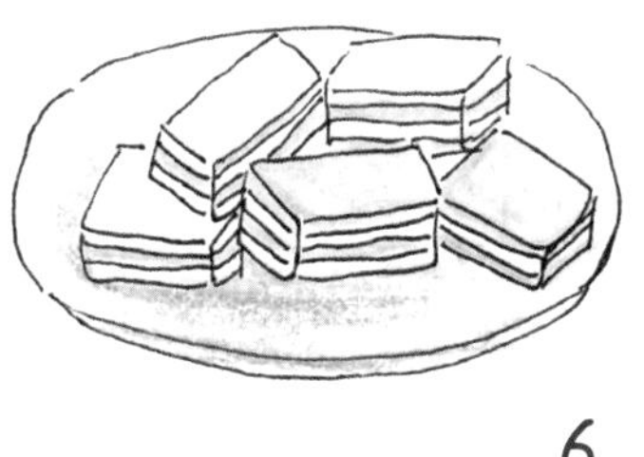

⑥ 倒完了一半的蜂蜜水之后，再次把保鲜盒放入冷藏柜，等待半小时左右，再重复上述步骤。直至椰浆和桂花蜂蜜水全部倒完，让它们在冰箱待上3个小时，彻底凝固后，再取出。

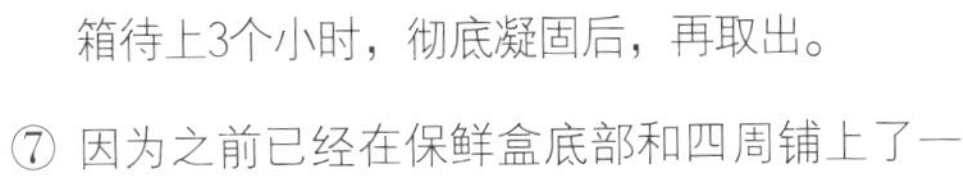

⑦ 因为之前已经在保鲜盒底部和四周铺上了一层保鲜膜，所以我们只需要轻轻拉起保鲜膜，椰汁桂花糕就完整地脱模了，用刀切去四周不光滑的部分，再切成小块装盘就可以了。

悄悄话

这样，一盘融合着桂花淡淡的芳香和椰汁淳淳的浓郁口感的椰汁桂花糕就做好了。如果不能一次食用完，要继续放在冰箱冷藏，否则会融化变形。

用这种方法还可以做其他各种冷冻类的甜品，只要在任何你喜欢的饮料中加入适量的吉利丁片，放置冰箱冷藏就可以。我们甚至还可以用吉利丁片和果汁在家自制果冻，比外面卖的果冻健康多了，想吃什么口味的就做什么口味的，其乐无穷。需要注意的是，糖会降低吉利丁的凝结程度，糖分含量越高，制作出来的甜品越软，制作完成的甜品一定要放冰箱冷藏，否则会变形，另外高温的液体会破坏吉利丁片的凝固力，因此一定要关火后再加入吉利丁片。只要掌握了吉利丁片的特质，我们就可以随意创造出各种各样的冷冻类甜品。大家不妨在家自己试一试，相信你也能创造出专属于你的那份好味道。

但愿人长久，千里共婵娟
苏式鲜肉月饼

也许是因为自幼学习传统艺术的缘故，也许是因为痴迷苏轼的缘故，也许是因为被太多美好的古诗词打动的缘故，在我的世界里，最浪漫最有韵味的节日不是情人节或是圣诞节，而是，传统的中秋节。

自古中国人最看重的就是家人团圆，如今的春节显得太过嘈杂和形式化，而同样寓意着团圆的中秋节就显得素净和高雅多了。就像八月十五的月亮一样——“暮云收尽溢清寒，银汉无声转玉盘”。

如果说，也会有人和我一样，每到中秋节都无法盼到那个背井离乡多年的故人，每年都会对着当空的皓月叹一句，“此生此夜不长好，明月明年何处看。”那么，不如做点月饼应应景吧，思念到不了的地方，味觉可以抵达。

油皮部分：

① 低筋面粉 200g（很多方子里用的是中筋面粉，但是我试下来觉得低筋面粉更酥，但同时也更易碎，可以根据个人口感进行选择，重量不变。）

② 糖粉 20g

③ 猪油 60g

④ 清水 80g

油酥部分：

① 低筋面粉 135g

② 猪油 70g

馅料部分：

① 猪肉 200g（带点肥肉口感更好）

② 榨菜 70g

③ 其他配料：姜末 葱 料酒 蜂蜜 老抽 芝麻

做法

① 馅料制作：将鲜猪肉剁碎，榨菜切碎，加入各种配料充分混合均匀。可以取一小块放微波炉里加热至熟后，尝尝咸淡，再调整口味。

② 油皮制作：低筋面粉200g+糖粉20g+猪油60g混合搅拌，再将70g水分多次加入混合均匀，糅合成面团后装入保鲜袋内静置、松弛30分钟。

③ 油酥制作：低筋面粉135g+猪油70g混合拌匀，同样装入保鲜袋松弛30分钟。

④ 把松弛好的油皮和油酥，各平均分为15份。

⑤ 一块油皮按成圆形（就和饺子皮一样），把油酥放在圆形油皮片中间，像包包子一样，把它包起来。

⑥ 15个全部包好，收口朝下。盖上保鲜膜，在保鲜膜上铺一条湿布，静置20分钟。

⑦ 静置好的面团擀开，擀成长椭圆形，越长起酥效果就会越好。

⑧ 把擀好的面皮从上往下卷起来，15个面团都卷好后，依旧盖上保鲜膜和湿布，静置20分钟。中途可在湿布上再洒些水，保持湿润状态。

⑨ 将面团竖放，收口朝下，压扁。

⑩ 再次擀开，成长椭圆形。

⑪ 再次卷起来，盖上保鲜膜和湿布，静置20分钟。

⑫ 取一块面团按压中间，将两头向中间捏起。

⑬ 擀成圆形，边缘擀得薄一些，将馅料放入中间包起。

⑭ 收口朝下，放入烤盘，刷上蛋液，撒上芝麻。

⑮ 进入烤箱，200度，中下层烤30分钟。

悄悄话

除了做月饼，我也写过不少和中秋有关的诗词，还刻过一方“共婵娟”的印章，无论以何种形式聊以慰藉，都不如有家人陪在身边。

但愿我们每个人有一天都能人长久，而不仅仅只是用共婵娟来安慰自己。

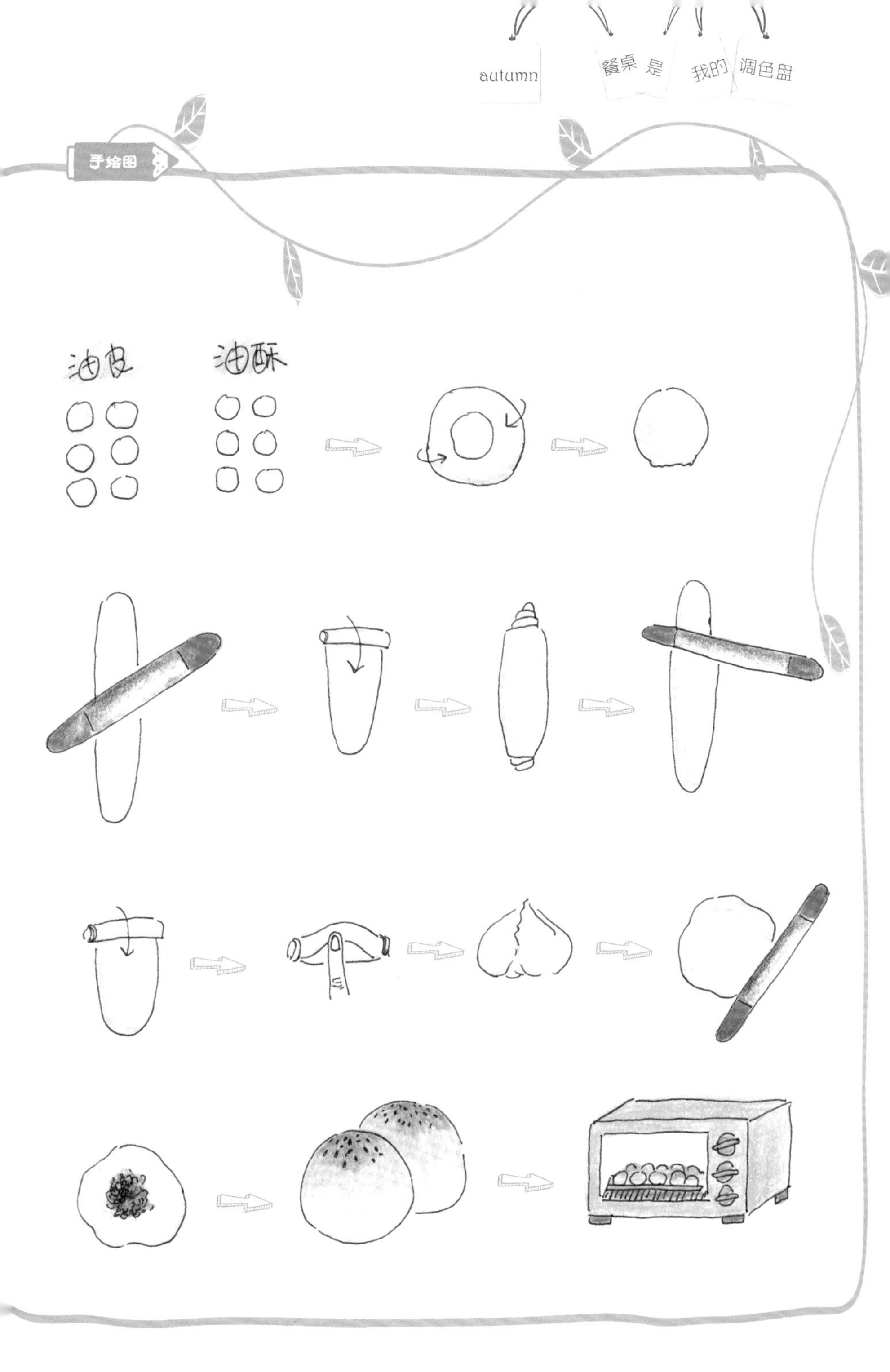
手绘图
油皮
油酥

萌化你的少女心 巧克力碗

巧克力和棉花糖都是小朋友们十分喜爱又很常见的零食，但是大家可能不知道，这看似平凡的小零食，也能创造出特别讨人喜欢的造型来。无论是小朋友还是大朋友，应该都没有人可以抵抗得了这么萌的食物吧！

各种造型的巧克力大家应该都不陌生，但是巧克力做的碗，你见过吗？把碗里的食物吃完之后，可以把整只碗都吃下去，是不是听起来就很有趣？简单易学的巧克力碗，不需要任何厨艺，也不需要烤箱和复杂的工具，只需要巧克力和一只气球，就可以做出一只既好吃又好玩的巧克力碗。下面就和我一起来看一看这个巧克力碗是怎么制作的吧——

食材

① 烘焙专用黑巧克力

② 烘焙专用白巧克力

③ 棉花糖

④ 气球

⑤ 杏仁片

⑥ 草莓（如果制作时草莓已下市，就拿其他水果代替）

⑦ 针

手绘图

① 气球洗干净，吹好。

② 黑巧克力隔水融化，用小勺沾取少量融化好的黑巧克力，滴在盘子里，作为碗的底托。

③ 吹好的气球放入巧克力溶液里面，气球底部在巧克力溶液里转一圈，然后把气球放到刚才做的巧克力底托上。放入冰箱冷藏定型。

④ 取一个白色棉花糖，在作为宽度的那一面左右各划一刀，塞入杏仁片，作为奶牛的耳朵。

⑤ 白巧克力隔水融化，把塞好杏仁耳朵的棉花糖底部在白巧克力里面沾一下，作为奶牛的嘴部。

⑥ 把奶牛棉花糖的一边耳朵处放入黑巧克力里面沾一下，作为头部的花纹。用牙签沾取黑巧克力，给奶牛点上眼睛和鼻孔。放入冰箱冷藏凝固。

⑦ 从冰箱取出巧克力碗，用针把气球戳破，撕掉气球。

⑧ 从冰箱取出奶牛棉花糖，摆在巧克力碗里面，再放上草莓或者其他水果作为装饰。

悄悄话

当你完成这样一件赏心悦目又好吃的作品时，一定是成就感满满的。但实际操作起来并不难，没有任何厨艺的人都可以很好地完成。只是平时在我们日常生活中，大多数人都不会在意如此普通的食材，殊不知，只要发挥一下想象力，再不起眼的食材都能变幻出意想不到的惊艳造型。只要用心去观察我们身边的食物，你会发现，它们都是有个性、有灵魂的，你可以依据自己的理解，为它们刻画出与众不同的美，让这些原本默默无闻的食材，在我们的餐桌上成为一道道亮点，装饰我们的生活。

摆放在瓷器里的生活
法式焦糖杏仁酥

这两年，我开始接触烘焙，正儿八经地研究怎么做各种菜。因此除了家人，很多朋友也成了我的“小白鼠”。我送出去的食物大概和我那满满一橱的衣服一样多……遗憾的是，有些朋友对我送给他们的食物从来都没有反馈，不过大多数朋友还是会告诉我“好吃”。其实得到肯定的回复我已经是心满意足。只不过“好吃”二字对我喜欢深入研究的人来说，还是显得苍白了些。有次闲暇，在家做了些法式焦糖杏仁酥，给我的发小Cheryl小姐送了一盒去。就是单纯地想分享一下我的手作小美食，没想到，却得到了她120分的用心。自己亲手做的美食得到了品尝者用心地对待和回馈，这种幸福感和渺小的几率大概就像遇到了一个懂得你的好、懂得欣赏你的另一半一样吧！

Cheryl收到我的法式焦糖杏仁酥后，迫不及待地尝了一块，说“甜而不腻”，又说这样一份口味的美食必须要摆放在瓷器里，配上绿茶一起品尝，才能更显出它的价值和美好。第二天，Cheryl便给我发来了摆放在Wedgwood里的杏仁酥美照，旁

边还配有一杯茉莉绿茶。她还特意发了一条朋友圈说，“阴天，在不开灯的房间。所有思绪都在Toni Braxton的Fair Tale旋律沉淀。昨日喜得发小Hawaii小姐的手作法式焦糖杏仁酥，心心念念来顿家庭下午茶——瓷器Wedgwood，配茶：茉莉绿茶。焦糖杏仁酥属法式甜品，法式甜品嘛糖霜含量必然是高，虽然Hawaii姑娘已经改良过不少。本想来杯咖啡，却又害怕过多咖啡因影响焦糖风味与奶香的口感，遂选择了清爽解腻又不失芬芳的茉莉绿茶。下面便是主角登场，一口热茶温润口腔，拇指大动来口杏仁酥，刚刚咬下口是焦糖香四溢、口感爽脆的杏仁焦糖层，随之而来的又是酥脆奶香的饼干层，口感很像之前我非常喜欢的英格兰Shortbread，融入口腔不用咀嚼，黄油以及奶香的香醇便充满整个口腔。原谅我，最后选择了：非常层次，好吃不腻，口感香醇这么深入浅出的四字短句形容。”

有个人如此用心地在品尝你做的东西，如此用心、专业、全面地在写下她的回馈，真是件让人倍感幸福的事。因为这世界上有人喜欢你做的东西，因为你做的东西能慰藉、安慰一个人的胃和心，这种感觉真的很奇妙，也很美好。最让我感动的是，Cheryl非要把它们摆放在好看的瓷器里，让我的法式焦糖杏仁酥看起来更高大上了。她完全可以直接统统吃掉，也可以把它们放在打包盒里慢慢吃。但是她却选择回家拿出瓷器餐具，摆放好杏仁酥，然后再为自己泡上一壶清香四溢的茉莉绿茶，一口杏仁酥，一口茶，就这样悠闲地度过了一个阴天的下午。摆放在瓷器里的杏仁酥并不会比放在打包盒里的更好吃，但是Cheryl这种认真生活、讲究品质的生活态度，却让我非常感动和欣赏。生活就是这样，你可以选择用精美的餐具配上颜色、营养搭配好的饭菜，也可以选择用一次性的筷子吃一碗泡面，它们的本质都是一样让你填饱肚子；你可以选择随便套件衣服、不修边幅地就出门逛街，也可以搭配好衣服、穿上舒适的鞋子，只是去门口超市买瓶酱油。但是这两种不同的生活态度，得到的生活品质也是截然不同的。有时候，我们不得不“作”一些看起来没有必要的小细节，因为正是这些在常人看起来完全没有必要考究的细节，才让我们过上比大多数人更舒服、更惬意的生活。这是一种态度、一种精神，与物质无关，与品位有关。

饼底部分：

① 黄油 180g　② 低粉 380g

③ 糖粉 70g

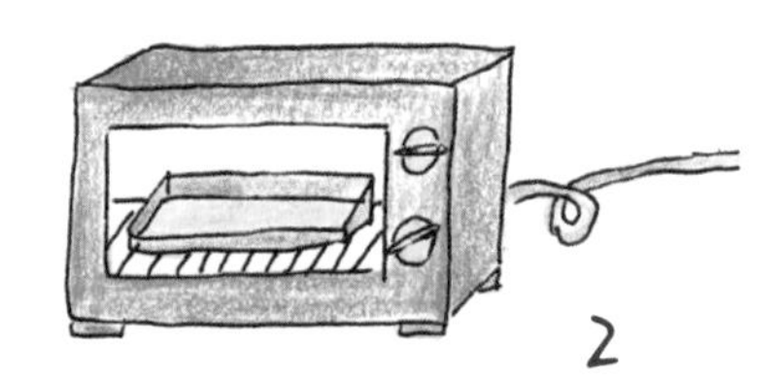

焦糖杏仁部分：

① 淡奶油 85g　② 麦芽糖 40g

③ 蜂蜜 40g　④ 黄油 80g

⑤ 细砂糖 50g　⑥ 杏仁片 150g

饼底的做法：

① 黄油提前在室温下软化后，加入糖粉，用打蛋器打发至乳霜状，之后加入鸡蛋充分搅打。

② 在①中筛入低筋面粉，用手糅合光滑的面团。再把面团按压放至28*28的烤盘中，使其均匀地铺在烤盘上。用叉子在饼皮上戳一些洞，以防烤制过程中饼皮受热膨胀。

③ 烤箱预热180℃，饼皮烤20分钟后取出。

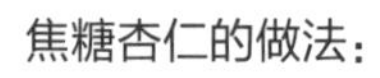

焦糖杏仁的做法：

① 除了杏仁片，把焦糖部分的所有材料全部倒入锅中，小火持续加热至

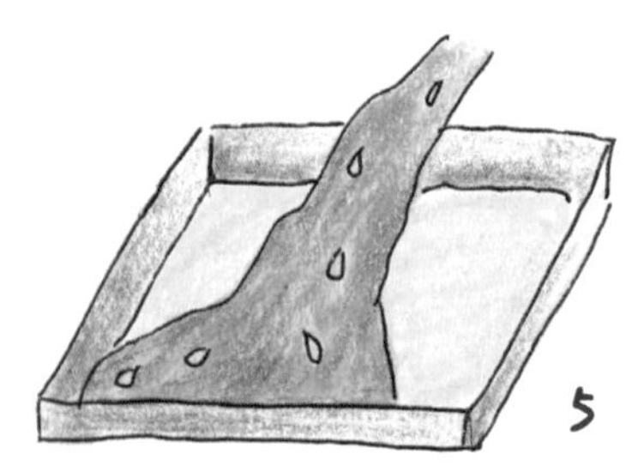

115℃。没有食物测温计的话，就在锅边仔细观察：糖浆成浅黄色，不断冒小气泡就差不多可以了。

② 关火，倒入杏仁片，充分搅拌均匀。迅速地把焦糖杏仁均匀地铺在烤好的饼底上。

③ 烤箱再次预热180℃，继续烤25分钟。杏仁上色即可。这步需注意观察。不要烤焦了。

④ 烤好后，晾凉，焦糖表面不粘手了就可以开切了。用锋利一些的刀，杏仁面较难切平整。每切一次都要把刀擦干净再切。

摆放在瓷器里的杏仁酥并不会比放在一次性打包盒里的好吃，但摆放在瓷器里的生活一定比放在打包盒里的生活更有品质。

平凡之美
豇豆花

生活本无味，全靠自己配调料。其实生活有时真的挺无聊的，也挺无奈。生活中之所以有那么多无能为力的事情，大概是为了让我们懂得珍惜已经拥有的。如果没有那么多的不尽如人意，我们大概永远也无法体会平淡的珍贵和意义。所以普普通通的豇豆，花一点点小心思，也能拗出别致的造型，换种方式吃吃看这种平常到不能再平常的蔬菜，也许，你会爱上它。

① 嫩豇豆 若干

② 酱油 适量

③ 肉糜 适量

④ 盐 适量

⑤ 芝麻 适量

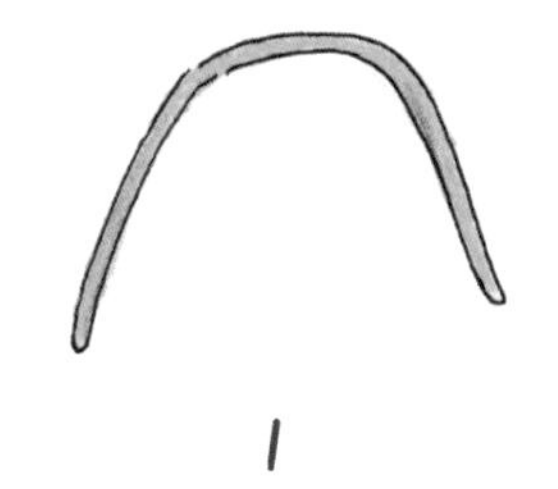

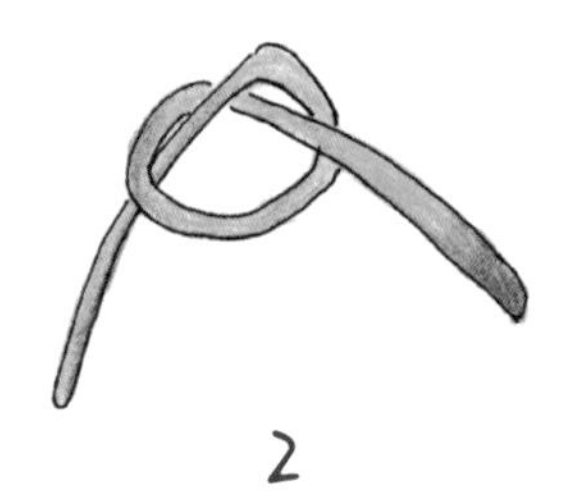

① 豇豆洗干净后，切去两头，放入滚烫的开水中穿烫，开水中放入适量盐调味。等水再次烧开后，捞出豇豆放入冷开水中降温，捞出后用厨房用纸吸干表面水分。

② 取一根豇豆，将其打一个松松的活结。

③ 再将一头穿过圈圈，重复这个步骤，直到豇豆留出约2cm左右的小段。

④ 将豇豆两头塞进结内就ok了。

⑤ 在肉糜里加入盐、酱油，翻炒熟，放在豇豆花上，撒上一些芝麻即可。

悄悄话

太过华丽和复杂的食物有时也许只是徒有其表，而那些普普通通的食材，却能在热爱生活的人手中，变幻出最美的样子来。

填饱胃·慰藉心
爆浆芝士猪排

大学毕业后，我去了众多人羡慕的媒体单位从事电视后期工作。这份工作的内容与我本科的专业几乎没有一点联系，再加上我的不善言辞和不愿戴着面具与人打交道，使得我工作得非常不开心。这份工作听起来高大上，实则收入少得可怜，加班却多到令人发指。我每天最期盼的事情就是在下班后，在等公交车时马上跑去对面的台湾炸猪排店买一份爆浆芝士猪排。

那一份热乎乎的满满芝士的猪排，就是对我一天身心俱疲的工作最大的安慰。有时S先生会来陪我一起坐公交车，他总是不吃，看着我吃，然后把好不容易抢到的座位让给我坐。然后我们要坐近二十站才能到家。但是那又怎样呢？现在想起来那些画面仍然是历历在目，仍然是温暖、美好。

现在的我，再也不用挤公交车上下班了，终于离开了以前的单位，换了一份让我能够发挥所长的工作，收入也翻了两番，与S先生分开快三年了。车站对面的台湾炸猪排早已搬迁，笑容满面的店主小哥也不知去向。好在我学会了自己做爆浆芝士猪排，偶尔也会怀念以前苦成狗的日子，偶尔也会做一份爆浆芝士猪排慰藉自己。

① 猪排 1大块

② 料酒 少许

③ 黑胡椒 适量

④ 淀粉 适量

⑤ 面包糠 适量

⑥ 生抽 适量

⑦ 姜片 少许

⑧ 芝士片 1片

⑨ 鸡蛋液 适量

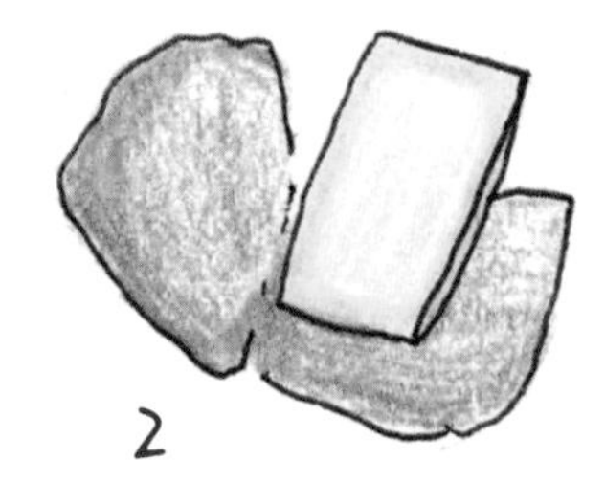

① 将猪排从厚度的中间剖开，不要切断。用肉锤或者菜刀背面把肉敲打至松软。

② 在猪排里加入生抽、料酒、姜片、适量的盐和黑胡椒，放入冰箱冷藏，腌制半小时左右。

③ 取出猪排后，把芝士片夹在切开的猪排中间。

④ 将猪排合好，捏捏紧。依次蘸淀粉、蛋液，最后在面包糠里滚一滚。

⑤ 起油锅，油热后，转小火，把猪排下锅炸至金黄色，油温稍降一点后，再重复炸一次。

⑥ 爆浆芝士猪排完成啦。根据自己口味可再加蛋黄酱或番茄酱蘸着吃。趁热切开，会流出浓浓的芝士内心哦。

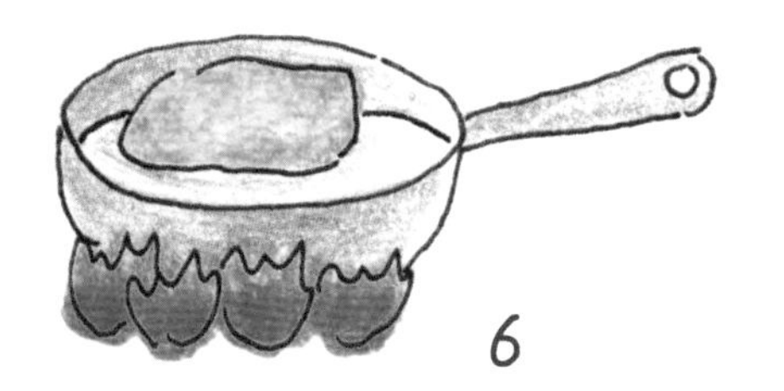

有时，我们对一种食物有着深深的执念，并非是食物本身有多美味，而是关于这种食物，有着一段让我们想起来就心生温暖的回忆。

也许，很多人很多事并不能陪伴我们太久，但食物可以。愿每个人的心中，都有一份可以填饱胃、慰藉心的食物。

我愿为你，改变口味
香烤龙利鱼

虽然我热衷于做美食，其实我算是个比较挑食的人，并不是什么都爱吃。在我人生的前23年，我是拒绝吃鱼类的。小时候我爸爸为了哄骗我吃一点点鲫鱼，就把鲫鱼的肉从鱼骨上拆下来，去掉黑黑的鱼皮，放在小碟中，浇上一点醋，骗我说那是螃蟹肉。小时候的我并不懂得分辨，觉得味道吃起来是挺相似的，就是肉质的口感相差甚远。后来我长大了，自然知道那是用鲫鱼冒充的螃蟹肉，但那么年复一年地吃习惯

了，便也欣然接受了这种吃法。

后来我遇到了我人生中第一个男朋友，虽然他常年在国外却有一个典型的中国胃，他最爱吃鱼虾和川菜。于是他每次来我家，我妈妈就会给他翻着花样做各种鱼。慢慢地，我跟着他，竟然也能接受各种鱼类。鲈鱼、白鱼、鲫鱼……我开始尝试的鱼类品种越来越多。

在我印象中，人生最鲜美的一次鱼便是与他在香港南丫岛的某海鲜酒店吃的那条海鱼。虽然我压根不记得那条鱼的品种，但是却分明记得那条鱼第一口的鲜美。恰到好处的汤汁在出锅前浇在了鱼背上，葱丝不但掩盖了海鱼的腥味，还增加了独特的风味。服务生小心翼翼地用汤勺把盘底的汤汁再次淋在鱼背上，拨开葱丝，给我夹了一块鱼肚子上的肉。那一口下去，觉得灵魂都要飞起，“鲜到掉眉毛”真的不是夸张的讲法，那一顿美好的午餐，完全抚慰了我爬了两座山的疲劳和崩溃。如果再让我为了吃那条鱼，再花三四小时爬两座山，我还是很愿意的。

后来，我和他还是分开了。但他让我从拒绝吃鱼到慢慢爱上吃鱼的习惯，却一直保持到了现在。

前几年，无意中去一家法国餐厅吃到一种鱼，叫龙利鱼。肉质肥美而且居然没有鱼刺。当时的我，以为那是一道多么了不起的菜肴（毕竟法餐价格不低），近两年，我才发现冰冻的龙利鱼随处可见，价格也十分低廉。它是一种暖温性近海大型底层鱼类，终年栖息在中国近海海区。龙利鱼的制作方式也很多样化，自己在家烹饪也十分简单，并没有什么了不起的技术。

食材

① 龙利鱼 1条

② 柠檬 几片

③ 各种意大利香料（欧芹碎、百里香、罗勒叶等）

④ 孜然粉、黑胡椒粉、椒盐粉（根据自己口味而定） 适量

⑤ 耗油 适量

⑥ 姜末 适量

⑦ 盐 适量

⑧ 糖 少许

⑨ 橄榄油 适量

做法

① 龙利鱼提前解冻，用厨房用纸吸干水分。

② 在烤盘上铺上锡纸，放上龙利鱼。把所有调味料混合，倒入橄榄油搅拌均匀，涂抹在鱼肉上。两面都要涂上调味料。充分按摩鱼，腌制30分钟以上。

③ 把柠檬片铺在龙利鱼上，烤箱预热200℃，中下层烤25分钟。

悄悄话 人会变，口味也会变。因为爱一个人，而去迁就TA的口味，大概没有什么比这更伟大的小事了。

与母亲的烹饪时光

孜然培根土豆饼

大概从很小的时候起，我就特别爱吃土豆，土豆做成的一切菜肴，我都百吃不厌。土豆学名马铃薯，是有着数千年种植历史的粮食作物，中国已成为世界上马铃薯产量最大的国家。土豆中不但含有大量的淀粉，能产生强烈的饱腹感，还具有多种维生素和无机盐，另外，它的蛋白质含量也非常高，单从营养价值方面考虑，土豆其实比我们常吃的大米、白面更适合作为主食食用。虽然蔡澜在他的书中写道，“喜欢吃薯仔（土豆）的人都是受了洋人快餐文化的影响，谈不上有什么高级的味觉享受。”但是我却不以为然，喜欢吃土豆未必是受了洋快餐的影响，比如我，应该是受我母亲的影响。

我的母亲也是一位非常擅长家庭烹饪的妇人，从小我便吃着她每日不重样的一日三餐，在同龄人的歆羡中长大。而母亲最喜欢做的，就是各式各样的饼类。南瓜饼、紫薯饼、荠菜肉饼……而我最爱的还是她做的土豆饼。

有一个同样热爱烹饪的母亲是幸福的。我们常常在休息日的时候，一起为家人做一顿丰盛的午餐，我真是太享受这个过程了，享受烹饪的时光，也享受与母亲在一起。

① 小土豆　　② 面粉　　③ 孜然粉

④ 黑胡椒粉　　⑤ 盐　　⑥ 葱花　　⑦ 鸡蛋液

我个人比较喜欢用小土豆来做土豆饼，口感会更细腻一些，煮起来也更快捷。

① 土豆去皮，浸在冷水中备用，防止表面氧化。

② 然后再烧一锅热水，把削好皮的土豆扔进去煮20分钟左右，直至土豆完全变软。在煮的过程中用一根筷子戳一下，如果能够很轻松地戳进去说明已经好了。

③ 煮软的土豆在冷开水下冲洗一下，然后放在一个不锈钢的盆子里，用压土豆泥的工具或者大一点的汤勺把它压成泥。如果还有一些小的颗粒，就戴上一次性手套，直接用手捏一下就可以了。

④ 根据自己的口味加入盐和黑胡椒粉，充分搅拌均匀后，盖上一层保鲜膜，放在一边备用。

下面我们来处理培根，我用的是在超市买的带咸味的培根片，所以我在土豆泥里加入的调味料的量相对会少一些，大家要根据自己的实际情况来操作。

⑤ 把培根片切成小块，放入热油锅里稍稍翻炒一下，肉质开始变色就可以出锅了，一定要控制好火候，因为培根还要二次下锅，第一次千万不要煎过头了。

⑥ 把煎熟的培根片放入刚才做好的土豆泥里，再次搅拌均匀。这时候的土豆泥比较稀，很粘手，我们不方便塑形，所以需要加一些面粉在里面调和。面粉不要一次性加得太多，每次少加一点，每加一点都要充分和土豆泥搅拌，看看是否可以揉捏成型。只要可以成型了就可以不用加面粉，因为一旦面粉放过多，就会掩盖住土豆独有的口感，而变成了面饼。万一面粉不小心加多了，太干了，也不用担心，只需要再加一些牛奶或者蛋清，慢慢搅拌和调和。

⑦ 等到土豆泥和面粉调和到满意的状态，就戴上一次性手套，把面糊捏成圆形的饼状，预热好的油锅转小火，把土豆饼放进去，每面炸至金黄色后就可以出锅了。

⑧ 等所有的土豆饼都制作完成后，再在表面撒上一些孜然粉来调味，加一些葱花使整盘土豆饼的颜色看起来更好看。

悄悄话

这道点心既可以当菜又可以直接当主食吃，而且作为一日三餐中任何一餐都可以。在懒洋洋的休息日里，和家人一起吃上几块自己亲手做的土豆饼，已然是平淡生活中最大的幸福。

你，可以改变世界

大概每一个人小时候都有过特别崇高和远大的理想。在上幼稚园的时候，我天真地和妈妈说，“我长大后要当联合国秘书长！我要维护世界和平！”后来我们开始上学、读书，发现学习不是一件简单与轻松的事，别说当联合国秘书长或者科学家了，就连月底的考试要怎么应付都无从着手，显得焦虑不安。长大真累啊，学习真辛苦啊。

再后来，我们毕业了，工作了，需要独立生活与养活自己了。那些只需要为考试而烦恼的日子一去不复返了。我们要考虑的事情也越来越多了，明天的会议上要怎么做自己的产品介绍才显得有说服力？B组的那个绿茶又在boss面前给我穿小鞋怎么办？这个月的房租一交还有没有钱去买那条裙子？老同学的婚礼该出多少份子钱？爸妈总是催婚，到底该坚持做自己还是和生活妥协？

别说当联合国秘书长了，能安安心心地睡个懒觉都显得奢侈。生活把我们逼得越来越失去斗志与乏累，那些儿时的梦想，真的只是一个梦而已吗？

虽然我常常被生活搞得心灰意冷，对一切都很失望，包括自己，但是，无论怎样，都请别放弃你的梦想啊。现在的我，自然不会再想做联合国秘书长咯，比起维护世界和平，我想，做一些自己力所能及的小事，一件件实现自己的小梦想更为实际和有满足感。

我认为，人活着，有五个层次。

第一，为自己。有一份能够体现自我价值的工作，它能让你找到存在感。这份工作无关收入，不分贵贱，包括料理家庭，简单来说，就是让你每天都有事儿做，而不是虚度光阴，不知所为。

第二，为家庭。在保障能自我独立之余，有经济能力与时间去照顾、安顿好你的家人。你的另一半失业了，你有能力担起一个家庭的责任；你的父母病了，在能力范围内能给他们最好的医

疗保障；你的孩子，能因为有你这个爸爸（妈妈），而生活得更加快乐，更感受到家庭的温暖与可靠。

第三，为组织。在工作中，尽心尽职完成好你的职责，让你的团队、公司、单位、组织，因为你的存在而运转得更快、更顺利。在自己所从事的领域里，尽自己可能去钻研，带动一点点，哪怕只是一点点的这方面的发展与进步。

第四，为民族、国家。当你成为某一领域的The Best of The Best后，你的责任不只是对自己、家庭与公司，甚至对于民族与国家，也有着一份使命。这是一种荣誉，更是一种责任。我们每个人与社会都脱离不了干系，当你有能力时，也请帮助和回馈这个社会。

第五，为人类。科学家有国籍，但科学不分国界。同样其他领域亦然。当你成为一个伟人后，你所需要的是带动整个人类的发展。

你觉得这些都离我们普通人很遥远吗?

并不是。

第一和第二层次是我们每个人都应该做到的，第三层次是我们为之努力和奋斗的目标，而第四、第五层次也许能做到的人是千万分之一，那也不是与我们毫不相干啊。请你，坚定信念，心怀他人，志存高远，然后放眼到身边的小事，做好每一件微不足道的善事。

这个世界，会因为你一个小小的举动，而变得更温暖，这个世界上，会有人因为你不经意的善举，而更加珍惜生命。永远不要小看自己，你是一个发光发热的小太阳，你所能照耀到的地方，比你自己想的要多得多。

改掉和父母大呼小叫的毛病，你的家人会因为你温柔的态度而每天心情更加愉快；随手捡起路边的矿泉水瓶，把它扔进垃圾桶里，疲惫不堪的环卫工人就能少弯一次腰；第二杯半价的时候，不妨大方地给和你有过矛盾的同事也带一杯，也许你们之

间并没有什么了不起的大事；打开你的支付宝，点击“爱心捐赠”，里面有那么多那么多等着我们去帮助的人，每个月花上一杯星巴克的钱，也许你就能改变一个人的命运。

或许这已不是也无法成为“绝圣弃智，民利百倍，绝仁弃义，民复孝慈，绝巧弃利，盗贼无有”的社会，但我们每个人心中都该有一个善良的信念，和远大的理想。无论你是科学家，发明了了不起的技术，带动了全人类的文明，抑或只是个平凡的普通人，只是为陌生人赠与了一杯热茶水，你都实现了自我价值，都在改变这个世界。在这个世界上，有着无数的个体，这无数的个体，组成了如今这样的世界。

你怎样，你的国家就怎样，

我们怎样，我们的世界就怎样。

冬
WINTER°

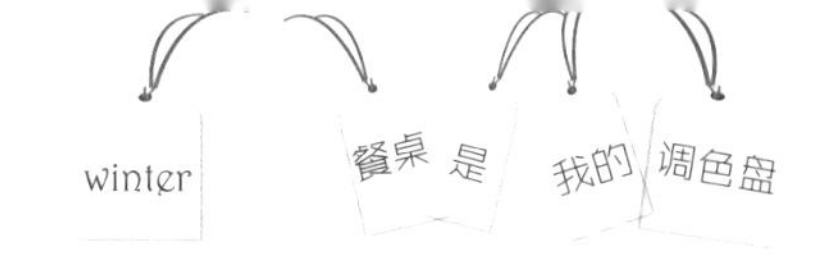

儿时的年味 牛轧糖

记忆中有一种白蓝相间包装的牛轧糖，小时候每逢过年，家家户户基本上都会备上一些。拨开糖纸，牛轧糖上还裹着一层薄薄的糯米纸，年幼的我都舍不得一口吃掉，要把一颗糖放入嘴巴里，含上好一会儿，才开始慢慢咀嚼它的美味。印象中，那块小小的牛轧糖真是太好吃了，软硬适中的口感，吃起来非常有嚼劲，又不粘牙，唇齿间还溢满了浓浓的花生香，一颗接着一颗，根本停不下来。

现在的糖果种类越来越多了，各式花哨的包装、各个国家不同的口味，牛轧糖似乎已经淹没在花花绿绿的糖果中，现在并不多见了，而我还是依旧钟情于这种小时候的味道。偶尔得到闺蜜给我的一个制作牛轧糖的配方，闲暇时在家做了一次，味道竟然出奇的好，送了一些给同事、朋友，得到大家的一致称赞。

食材

① 白色棉花糖 300g

② 熟花生 300g

③ 无盐黄油 100g

④ 全脂奶粉 200g（奶粉选用全脂的是因为会更香，最好还要是无糖的，因为棉花糖的甜度已经够了，再加大含糖量的话，口感会偏甜）。

做法

① 把花生米放在没有油的热锅里翻炒至熟。如果有烤箱的话，放入预热到130℃的烤箱里，上下火烤20分钟就可以了。烤熟之后去皮，不用完全去干净，带一点皮的会更香。然后可以把花生稍微压碎一点，不用压得太碎，颗粒大一点吃起来口感更好。

② 把黄油和棉花糖一起放入电饭锅后，开到煮饭档。每隔1-2分钟就用铲子进去铲一下，以防棉花糖粘锅。等黄油和棉花糖差不多开始融化到不成形的时候就开始搅拌它们，让他们完全融合到一起，再倒入奶粉，进行搅拌混合，这个时候棉花糖已经差不多完全融化了，最后倒入烤熟的花生米，再次搅拌，就可以出锅了。

③ 把刚出锅的牛轧糖放在方形的烤盘里，压成厚度为1CM左右的片状，放入冰箱的冷藏柜，让它完全冷却至定型。1个小时之后，取出牛轧糖，用一把锋利的菜刀切成长方形的块状即可。

嘀嘀话

这是最基础的牛轧糖配方，我还试过在里面加入杏仁和蔓越莓，蔓越莓酸酸的口感给这款传统的糖果增加了更丰富的味蕾体验。如果你家里还有抹茶粉，也可以加一点进去做成抹茶口味的牛轧糖，绿色的牛轧糖看起来更有诱惑力。牛轧糖做起来非常简单，但是加上漂亮的包装盒，就变成了一份心意满满的伴手礼，在过年的时候，招待亲人朋友的时候，拿出自己做的牛轧糖，让大家一起来享受这份甜蜜吧！

不再让你孤单

巧克力熔岩蛋糕

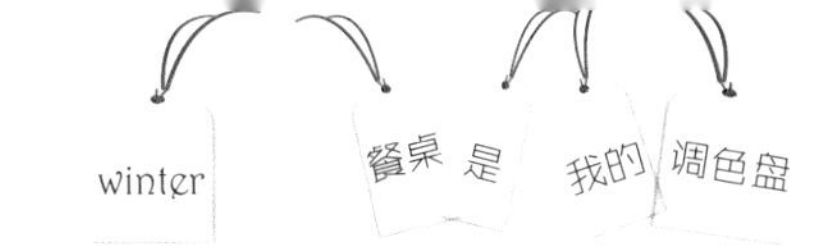

在二月的大街小巷，到处充满了节日的气氛。春节、情人节又都赶在一起了，和家人、爱人在这个寒冷的季节依偎在一起，心中也是满满的温暖和幸福。有一款同样洋溢着热情和甜蜜的蛋糕，应该与这个季节格外地相配，那就是巧克力熔岩蛋糕。

熔岩巧克力蛋糕（法语：fondant au chocolat，意为“融化的巧克力”），或称岩浆巧克力蛋糕（法语：moelleux au chocolat，意为“湿润的巧克力”）。在香港，它还有一个更有诗意的名字叫做“朱古力心太软”。它是一道典型的法式甜点，特点是外皮硬脆，而里面却流淌着醇美的热巧克力浆，趁热咬下去，舌尖上满满的都是幸福感。

如果你想在浪漫的节日里为家人或者爱人做一道甜品，那你一定要试试这款独特的小蛋糕。

① 黑巧克力 70g
② 黄油 55g
③ 低筋面粉 30g
④ 糖 15g
⑤ 鸡蛋 1个
⑥ 蛋黄 1个
⑦ 朗姆酒 一大勺

做法

① 把黄油和巧克力放在一个隔热的器皿里面，隔水融化，融化好之后把它放到一边冷却，等它降到35℃左右就可以使用了。

② 等待冷却的过程中，处理其他食材。把白砂糖加入到鸡蛋和蛋黄中，打发到有气泡，切忌过度打发。

③ 将打发好的鸡蛋和蛋黄液倒入冷却到35℃的巧克力黄油液体中，加入一勺朗姆酒，用刮刀充分搅拌均匀，避免出现蛋油分离的现象。（没有朗姆酒也可以。）

④ 筛入低筋面粉，用刮刀来翻拌面糊，切忌过度搅拌，过度搅拌后面糊会很浓稠，容易起筋，然后烤的时候流心会很容易就凝固。翻拌到没有干粉的状态就可以了。

⑤ 把处理好的巧克力溶液放入冰箱冷藏十分钟。

⑥ 冷藏好之后把巧克力融液倒入模具中了，我用的是一次性的马芬杯，因为烤好后可以直接撕开脱模，比较方便。如果你使用的是其他蛋糕模具，记得一定要在模具底部和四周涂上黄油。把巧克力面膜倒入模具8分满就行了。（如果还有没有用完的面糊可以放在冰箱冷藏3-5天，再拿出来制作也是完全没有问题的。）

⑦ 烤箱预热到220℃之后，把蛋糕放在中层，上下火烤8分钟左右。（这个时间和温度不是绝对的，因为每家的烤箱都不一样，所以要根据自家烤箱的脾气来决定烘烤时间的长短和温度的高低。一般普通大小的马芬杯烤两个是8分钟左右，如果容器比较小的话，需要适当减少烘烤的时间。烤制熔岩蛋糕的容器最好不要太小，太小

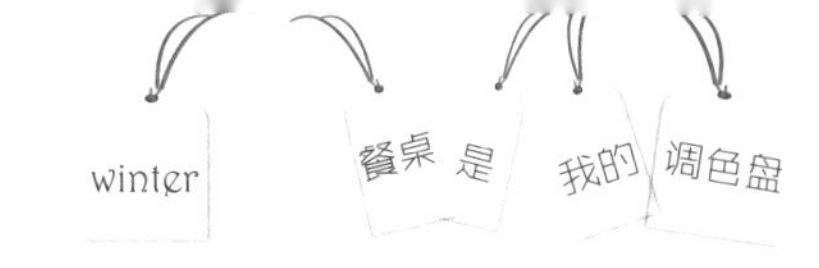

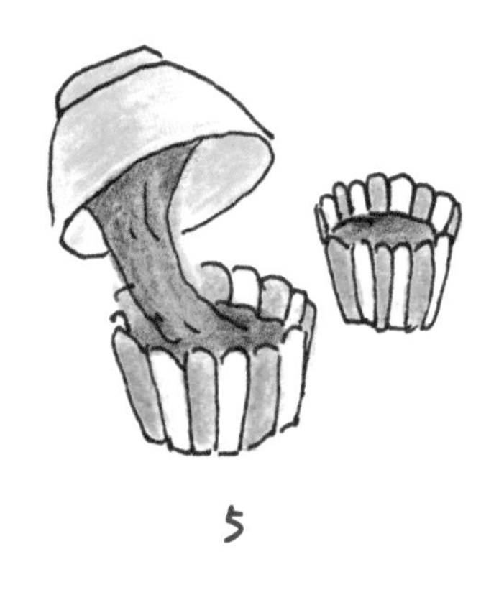

5

6

的话很容易烤过头，使里面的流心凝固。熔岩蛋糕的制作最为关键的一步就是烘烤的时间，时间长了，里面的巧克力热浆就凝固了，没有流淌的感觉了；时间太短，外面的皮还没有完全凝固，一脱模就会破坏形状了。）

⑧ 烤好后要立刻从烤箱中拿出，不是太烫手了就赶紧脱模，然后撒上一些糖粉做装饰。

悄悄话

我们品尝也一定要趁热：用一把金属小勺子轻轻划开表面，里面浓郁的巧克力热浆就会一下子流淌出来，那个画面只能用两个字来形容，那就是——“完美”。如果放时间稍微久一点，里面的巧克力热浆也是会凝固的，就不会有流淌着的效果啦，所以这款巧克力熔岩蛋糕无论是在制作上还是在食用上，都对时间有很严格的要求呢。

巧克力熔岩蛋糕虽然美味可口，但同时热量也是高得吓人呢。在冰天雪地的冬天里来上一份甜蜜的慰藉虽然不错，但是可不要贪吃哦，巧克力本身吃多了也会引起肠胃的不适，所以大家在美食面前也要保持理性啊。

这样一份凝聚着爱意和满满甜蜜的甜品，相信一定可以温暖你在这个冬季最想温暖的那个人。愿我们每个人的冬天都不再孤单，都能找到让你取暖的那个人。

如果你也来清迈

泰式咖喱虾

清迈，这座泰国北部的美丽慢城，无论是在电影中还是在书中都早有耳闻，在我二十五岁生日之时，终于和闺蜜一起踏上了这片期待已久的浪漫之地。

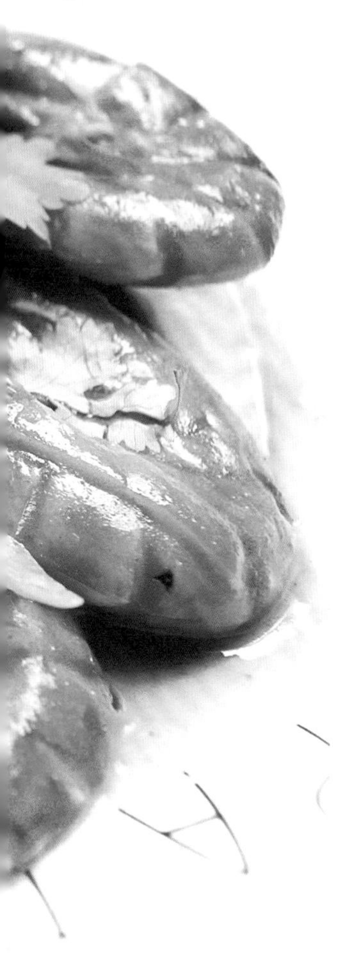

清迈虽小，却是座怎么逛也逛不完的城市。同样的街道，白天和晚上给人的感觉却是完全不同的。清迈大学附近的宁曼路是一条充满艺术气息的街道，白天走在这里可以看到各种风格、各种颜色的小店面，有些是小餐馆，有些是手工艺品店。晚上，这里就变得更热闹了，酒吧、灯光、白人老外，每一家小店都别具一番风味。

到了清迈，你一定要去感受一下当地的夜市。琳琅满目的商品、各种各样的小吃美食，还有各种肤色的脸，怎么看也看不完，怎么吃也吃不够。被熙熙攘攘的人群簇拥在长长的夜市上，已然忘记了自己。

清迈当地人都非常纯朴，当你问路时都会热情地回答你。有些人可能不会英语，但他会热情地亲自帮你带路，有些人甚至会说中文，会和你用中文聊天。在清迈的白人也特别多，走在路上会朝你微笑和say hi，问你：“ Are you Chinese? ”

来清迈，一定要尝尝芒果糯米饭，糯米的香甜配上芒果的爽滑……那滋润，绕唇三日，不知肉滋味！夜市上的各种烤肠和肉串，配上当地特有的甜辣酱，让人欲罢不能。而我最爱的还是泰国独有的冬阴功汤，又酸又辣的滋味，和这里的气候特别般配。午后，随意找一家有露天小院的餐厅，看着菜单上的照片随意地点上几个当地菜，保证每一种都不会让你失望，再点上一瓶清迈啤酒，这样的假期真是完美。

如果你也来清迈，请你一定要多待几天。租辆自行车，在古城中穿梭，逛个夜市，感受下清迈人丰富的夜

生活，做个“马杀鸡”，让身心得到放松，如果时间充裕，还能再去Pai县逛一逛，感受下真正的“文艺小清新范儿”。

清迈不止有吃不完的美食、遍地的“马杀鸡”，叹为观止的寺庙，还有有趣热情的清迈人、悠闲自得的慢式生活。这就是美丽的泰北玫瑰——清迈。

有时，我也会做一些泰式料理，怀念一下在清迈的美好时光。比如这道“泰式咖喱虾”，就是我百吃不厌的泰式料理之一。做法非常简单，尤其受到小朋友们的欢迎。

大虾

洋葱、咖喱粉、椰浆、盐、糖以及柠檬汁

① 大虾去虾肠，洗干净，沥干水分备用。

② 洋葱切成小块，取其中一部分切成洋葱末。

③ 把洋葱末倒入热油锅中，翻炒出香，接着把大虾倒入锅中，大火翻炒。

④ 待虾壳表面完全变色后，加入两大勺咖喱粉，再倒入椰浆，继续大火翻炒，让咖喱粉和椰浆完全融合。待椰浆和咖喱变成浓稠的咖喱汁时，加入盐和糖。

⑤ 转小火继续烧制3–5分钟，让虾更入味。加入剩余的洋葱块，洋葱块变软时，加入一点点柠檬汁提味，出锅享用。

这种方法还可以烧咖喱鸡块、咖喱牛肉等各类泰式料理。如果你和我一样喜欢重口味菜肴的话，一定要试试呀！

变废为宝 柚皮糖

天气渐渐凉了，每到换季的时候，咳嗽感冒的人就特别多。咳嗽可是件特别烦人的事儿，感觉能把八块腹肌都咳出来。如果遇上家里的孩子咳嗽，妈妈们就更烦恼了，药不敢随便吃，娃也不肯吃药。怎么办呢？伟大的食疗早在数千年前就已经治愈了各种各种的疾病。咳嗽这种小毛病，当然也有食物可以针对治疗啦。

而且治疗咳嗽的食物正是这个季节大量上市的应季水果——柚子。普普通通的柚子，瓤肉酸甜多汁，柚子皮除了能放在冰箱吸附异味，还能做成好吃的柚皮糖。柚皮糖不但生津止渴，还能化痰止咳。不管是小朋友还是老人都非常适合食用呢。

① 柚子皮 1个

② 冰糖 适量

③ 盐巴 少许

① 用盐巴把柚子皮搓洗干净。

② 将柚子皮切成小块，放入淡盐水浸泡。

③ 泡出淡淡的黄色水之后，捞出柚子皮，挤干水分。换一盆清水继续浸泡。直到挤出的水不再是黄色。这一步主要是为了去柚子皮的涩味。大概要连续泡4小时左右。每次换水务必要挤干柚子皮里的水分。

3

④ 处理好柚子皮之后，开始熬糖水，清水中放入适量冰糖，小火慢慢炖。

⑤ 待冰糖全部融化后，关火。放入挤干水分的柚子皮，

保证每片柚子皮都吸收了足够的糖水。

⑥ 开大火，熬干水分。待柚子皮的水分大概熬干就转小火翻炒。这步时间较长，为了节约时间，我放在烤箱中180℃烤了半个小时。没有烤箱的朋友直接在锅中慢慢用小火翻炒即可。

⑦ 炒到最后，柚子皮的水分完全吸收了，并且表面会析出糖份，呈透明或半透明状，说明柚皮糖已经制作基本完成了。

⑧ 此时的柚皮糖是偏软的口感，有嚼劲。如果喜欢脆脆的口感，那么放在室温里自然通风一天左右即可。

每一样食材都是大自然赋予我们的礼物，都有它神奇的、独特的功效，不要小看任何一样不起眼的东西，只是你还未发觉它的好，人，也是一样。

好吃不如饺子，好吃又好看不如……

翡翠白玉饺子

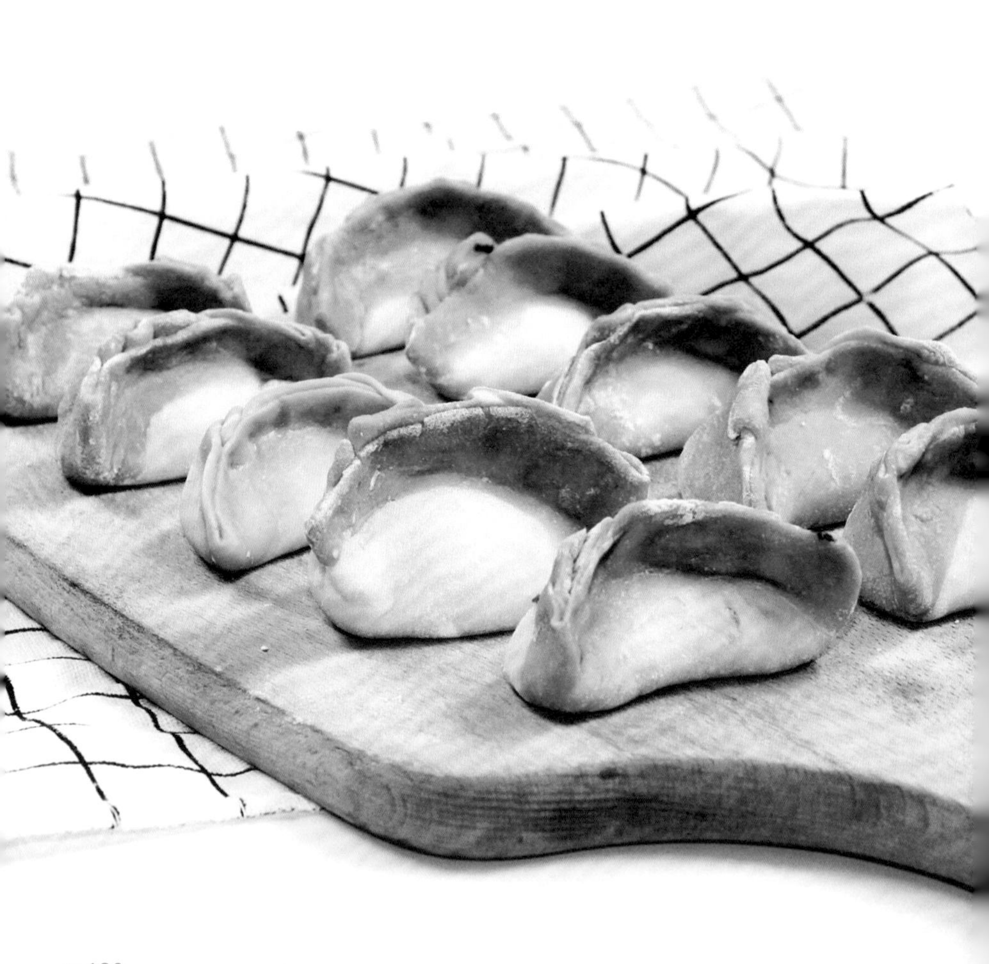

虽然我是一个100%纯正的江南人，但是我也很喜欢北方的各种美食，比如饺子。而我最好的朋友徐小姐是个来自青岛的北方大妞，我去过她的家乡好多次，也渐渐爱上了那里的美食。最让我念念不忘的还是徐小姐妈妈亲手包的鲅鱼馅饺子。

记得那还是在我二十岁的时候，经历了一场当时感觉痛不欲生的失恋，于是我跑去了青岛找徐小姐疗伤。临走前，徐小姐的妈妈给我包了好多好多鲅鱼馅的饺子，那是我第一次也是唯一一次吃到那么神奇和美味的饺子。在十几个小时的归途中，我就靠着那一份饺子，路过了济南，走过了徐州，最后安全到家。

十几个小时的路程对于当时被人宠惯的我来说显得那样漫长和无助，是那份饺子，让我觉得不再孤单和害怕。

我那么喜欢一切好吃的东西，因为它们能给我带来意想不到的力量和温暖。

鲅鱼馅的饺子我仍然不知道怎么做，但是作为外貌控，我做出了翡翠白玉饺子，有了这张好看的皮，不管里面是什么馅儿都会觉得满足感爆棚吧。

① 面粉 适量

② 菠菜叶 3棵

（我就只教大家做翡翠白玉饺子的皮咯，爱吃什么馅的大家随意哈，没有特别严格的配方。）

① 菠菜叶洗干净后，加适量纯净水用料理机打成菠菜汁，过滤出不含杂质的菠菜汁，加入面粉，揉成绿色的面团。另外取差不多分量的面粉用纯净水揉成白色的面团。分别盖上保鲜膜稍微醒一下。

② 面团醒好后，将绿色的面团擀成薄薄的长椭圆形片。把白色的面团擀成条状，放在绿色面片中间。用绿色面团将白色面团包裹起来。

③ 包好的白绿面团，用刀切成小方块状。

④ 将切好的面团擀成圆片状，包入饺子馅。

⑤ 两边对紧，用两只手的虎口挤捏饺子，捏紧。

⑥ 然后下锅煮，就得到一碗好吃好看的翡翠白玉饺子啦。

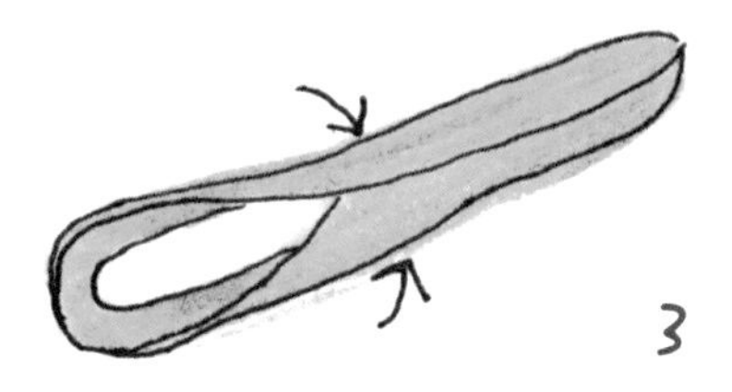

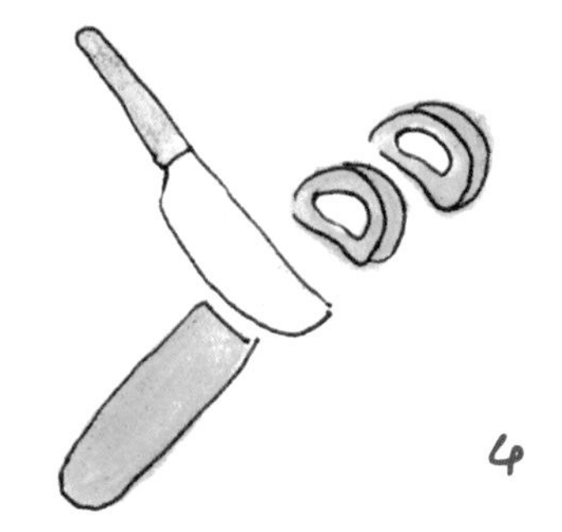

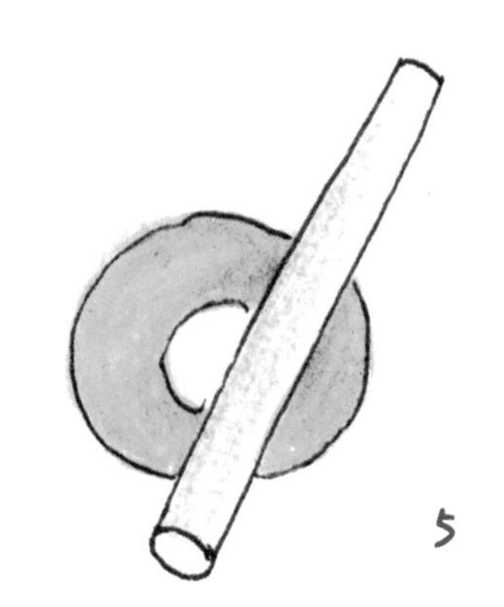

过去的就过去了，当时看来痛不欲生的事情，在几年后不过都是云淡风轻的回忆。这世界上没有什么痛苦是过不去的。不信，就去多吃几顿好吃的。

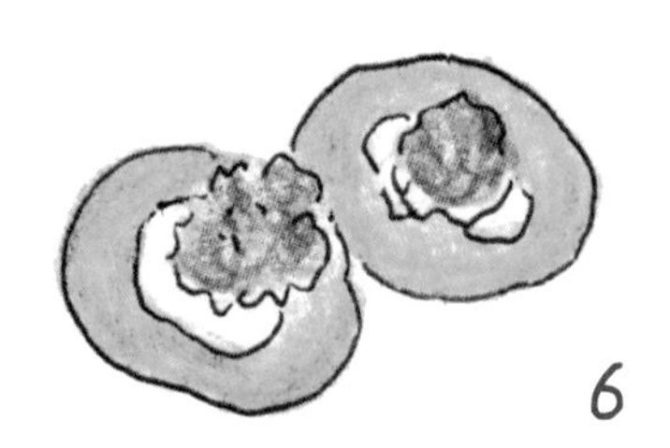

一口一口吃掉想念

蝴蝶酥

Petits Fours在法文里的意思是一两口就能吃掉的小甜点，蝴蝶酥Palmier是法式经典的Petits Fours。

我喜欢在冬日的午后烤上一盘蝴蝶酥，配上一杯美式，看一本无关紧要的杂书。看起来复杂的蝴蝶酥，其实有个最简单最偷懒的制作方法，那就是用飞饼皮稍加加工，任何人都能轻松制作出这道看起来高大上的Petits Fours。

据说，标准的蝴蝶酥有256层，那么就让我们一口一口吃掉这么多层的蝴蝶酥，就像吃掉这么多层的想念吧。

① 飞饼皮

② 粗颗粒的白砂糖

③ 黄油

① 飞饼皮提前从冰箱取出，待稍微开始变软的时候，在上面均匀地撒上白砂糖。

② 目测一下飞饼皮的中心线，把两边往中心线的一半处对折，刷上一层融化成液体的黄油，再撒一层糖。

③ 再把两边向中心线对折。

④ 最后再对折一次，呈一个长条形。这时飞饼皮已经开始有点软化了，为了方便后面的操作，我们需要把它放入冰箱冷冻15-20分钟。

⑤ 从冰箱取出来后，切成宽度为1.5cm左右的小长条。

⑥ 把顶端向两边轻轻拨开，像蝴蝶的翅膀一样张开。

⑦ 在朝上的那面再撒上一层粗颗粒的白砂糖。

⑧ 烤箱预热200度，烤15-20分钟，颜色变金黄即可。（烤的时候要注意酥条的间距要大一些。）

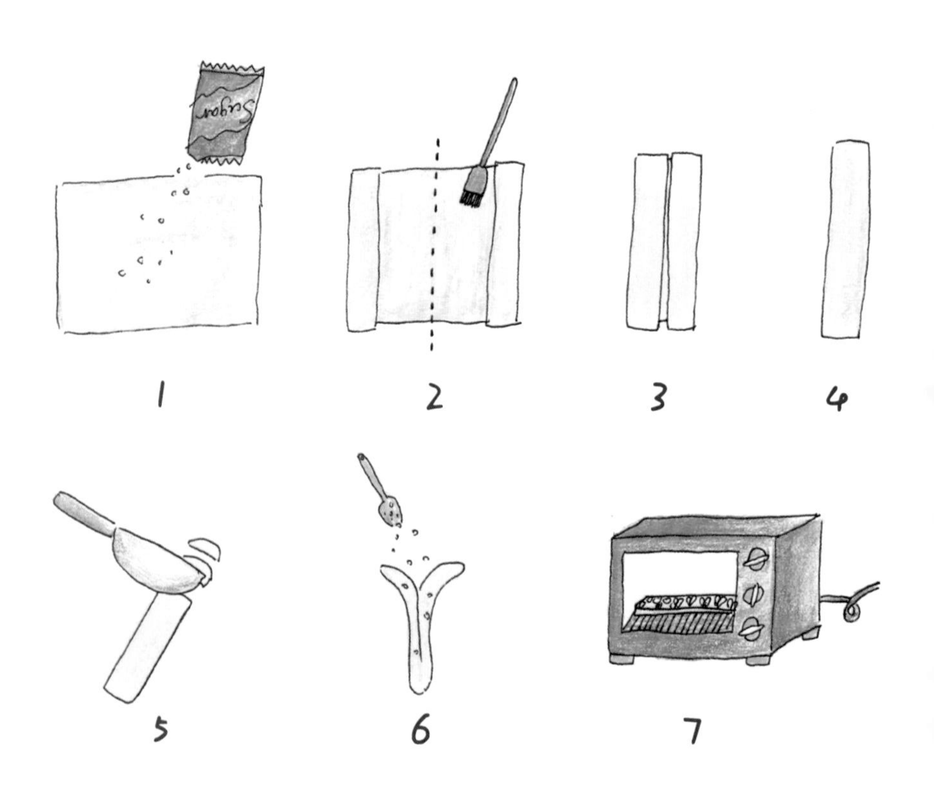

悄悄话

我曾经在寒冬烤了一晚上的蝴蝶酥，次日给友人带去了大洋彼岸。虽说这不是家乡的特产，但却是故人亲手制作的一份祝福。小小的甜食，有时就是拥有如此大的魔力，让人心生温暖，不再孤单。在每个软弱无助、想哭泣的夜晚，我都想亲手备一份可口的食物，等待着每一位远游归来的故人。

吃不尽的 Q 弹爽口

芋圆

芋圆，是福建和台湾地区一道非常著名的小吃。前几年，我们江浙一带陆续开了很多加专门做芋圆类甜品的店，深受大家的欢迎。其实这一碗碗食材搭配得非常丰富的甜品，我们自己在家也可以轻轻松松做出来。

芋圆的制作原材料不仅仅局限于芋头，我们一般还可以用地瓜、紫薯一起来制作，这样做出来的芋圆不仅看起来颜色更加好看，而且口感和营养也更加丰富了。芋圆做好之后可以放冰箱保存很久，所以我们一次可以多做一些。

① 紫薯 山芋 芋头各 300g

② 地瓜淀粉 150g / 份*3份

③ 马铃薯淀粉 100g（平均分成3份）

④ 糖粉 适量

做法

① 紫薯 、山芋、 芋头去皮蒸熟，压成泥。

② 山芋芋圆：取150g地瓜淀粉，把2/3的地瓜淀粉（也就是100g）倒入盆内，再加入大约30g的马铃薯淀粉进去，混合，缓缓加入开水（不要加太多开水，因为山芋含水量大），用筷子搅拌，捏成团。稍稍揉匀，加入糖粉。这个时候面团会黏手，再加入剩下的1/3的地瓜淀粉，继续揉，直到面团不黏手为止。揉得越均匀，芋圆的口感会越Q弹。

1

③ 同样的方法做紫薯芋圆，紫薯比较干，150g地瓜淀粉可能用不完，这个可以视情况而定。

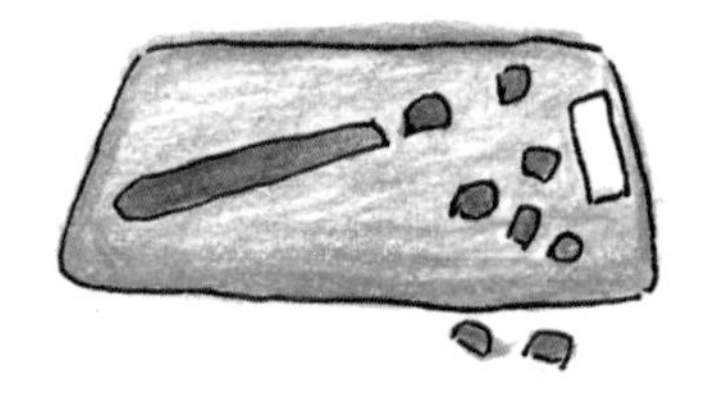

2

④ 最后做芋头泥，芋头泥比较黏，做的时候要有耐心。

⑤ 把三种面团揉成长条形，切成小块。

⑥ 煮一锅开水，把芋圆放进去，下锅之后用铲子铲一下，别让芋圆黏在锅底。大火一直煮，直到所有芋圆浮起，继续煮2-3分钟。全部煮好后，可以捞起来，配着红豆汤，或者冰淇淋、龟苓膏，都可以。

3

⑦ 吃不完的芋圆可以裹上一层淀粉，放入保鲜袋，放冰箱速冻，可以保存很久哦。

小贴士

煮好的三色芋圆可以和各种食物进行配搭。夏天的时候，我们可以在芋圆里加上一些烧仙草、绿豆和莲子，不但能消暑降温，还能补充元气、益胃安神。冬天也是可以食用芋圆的，只要把配料做一些调整，就能做出一碗适合在寒冬里食用的甜品啦。我们可以在煮芋圆之前的开水中先煮上一锅红豆和花生，等到红豆和花生煮熟之后，再放入芋圆进去煮，芋圆煮好后和红豆花生一起捞出来，这样就做出了一份红豆芋圆汤。在天寒地冻的时候喝上一碗，不仅能驱走寒气，还能促进血液循环、增强记忆力，适合每一位家庭成员食用，芋圆非常Q弹和柔软，但是又不会黏牙，所以家里的老年人也可以放心地食用。除了加以上配料，我们常和芋圆配搭的食材还有珍珠、刨冰、奶油、爱玉、薏仁等等，它们各有各的独特口感和食效，和芋圆放在一起会碰撞出怎样的美味呢？只待你亲自来试一试。

我想和你好好吃顿饭

麻辣香锅

在我年少的时候，喜欢过一个男生。我们第一次见面是在一个烧烤摊上。当时我对吃烤韭菜的他不屑一顾，“喂，烧烤当然要吃肉啊，来，羊肉串拿去！”

后来他成了我的男朋友。我们一起吃遍了半个中国的美食。吃过南京的大排档，也到过香港的米其林。每年的九月，他都会从国外回来，带一大堆国外的好吃的，从零食到调味料，无奇不有。

再后来，他就留在了国外，再也没有回来。我想可能还是洋人的口味比较适合他吧。不过他和我吃的最后一顿饭我还记得，是麻辣香锅。

① 菜：午餐肉 肥牛 牛百叶 香肠等任何你喜欢吃的

② 蔬菜：藕片 土豆 金针菇 腐竹等任何你想吃的

③ 配料：香菜 大葱 生姜 蒜 干辣椒 花椒

④ 调味料：盐 糖 生抽 料酒 十三香 豆瓣酱

① 把所有菜类洗干净，切好后放入水中煮熟备用。（香菜把梗和叶子一切为二备用。）

② 土豆和荤菜需要在油锅里先煎炸一下。

③ 制作底料：锅热入油，放入花椒、干辣椒、豆瓣酱、葱姜蒜、香菜梗，慢慢炒出香味。

④ 加入生抽、糖、料酒、十三香，再倒入全部处理好的食材，小火慢炒10分钟。再根据口味调味。出锅前加上香菜叶子。

他是和我在一起时间最长的一个人了。有时候我在想，也许并不是感情有多深，但一定是在吃饭这件事上，我们最合得来，所以才会在一起那么久吧。如果不能找一个聊到一起的人，能吃到一起也还算不坏。

写给所有认真爱过的人

我算是个比较故作清高的人，不看韩剧，不读言情小说，连看电影都只看科幻的、战争的，我想证明自己和普通小女生不一样。在我的文字里，也很少写真正和爱情有关的篇章，我更愿意站在更高的高度去写生活与生命。“爱情太俗不可耐了！”我总对自己这样说，即使是拥有着它的时候，我仍然告诫自己：“爱和孤独，都是享受，我哪个都不想辜负。”其实真相是，爱情太主观、太难写了。

—01—

爱情到底是什么？古往今来多少文人墨客歌颂她、赞美她，却无一人能全面地、客观地认清她、阐述她。

沈从文说，“我行过许多地方的桥，看过许多次数的云，喝过许多种类的酒，却只爱过一个正当最好年龄的人。”

朱生豪说，“醒来觉得甚是爱你。”

张爱玲说，“见了他，她变得很低很低，低到尘埃里。但她心里是欢喜的，从尘

埃里开出花来。”

钱武肃王，“陌上花开，可缓缓归矣。”

归有光，“庭有枇杷树，吾妻死之年所手植也，今已亭亭如盖矣。”

爱情是伟大的，无尽的，永不会死的。

人这一生，独自负重前行，在黑暗中摸爬滚打，只因心中有爱，便不再觉得孤单。我们穷尽一生所追求的人，不过是那个让我爱TA如生命，甚至超过爱自己的人。当我们遇到了这样一个人，便觉得自己充满了力量与动力。TA给了我铠甲，让我有勇气去对抗整个世界，我觉得自己是个无所不能的Hero。尽管这种想法有些幼稚，更是短暂。

—02—

爱情可以是永恒的，但奋不顾身的激情却往往很短暂。我们在热恋时总是容易被蒙蔽双眼和心智，关于爱情里的丑恶和不可见人一直都存在，正如人性里不光明的那一面一样，只不过在我们爱着的时候，往往选择视而不见，不愿承认。在错败的爱情里仍然执迷不悟的人，就如同一个装睡的人，我们永远无法叫醒TA。

关于分手后反复问为什么的人，TA寻求的并不是一个真正意义上的答案，而只是身边人善意的安慰。嗯，我宁可你是寻求身边人的安慰，也千万不要再向那个离开你的人考证答案。不爱了就是不爱了啊，并没有为什么。你苦苦追问、反复纠结的样子真的特，别，丑。而这个过程不过是再次给离开你的人看轻你的机会，再伤害一次你的自尊，真的毫无必要。

更不要因为别人的离开而否定你自己。在爱着的时候，最好的状态就是做自己，在分开后，仍然保持自信，仍然能做自己，更需要勇气。

用心去谈恋爱，而不是用眼睛，更不是用耳朵。

看一个人对你是否真心，首先看TA的人品。看TA对父母的态度，对朋友的态度，对下属的态度，对服务员的态度；看TA喝醉时的状态，看TA受辱时的状态，看TA挫败时的状态；看TA对前任的评价，看TA约你的执着，看TA对单身的定义……最后的最后，再听TA对你说的话。并且，不能全信。

还要看细节。

看TA会不会乱扔垃圾，看TA在公共场合接电话的分贝，看TA对小动物有没有爱心，看TA对别人家的孩子有没有耐心，看TA对向TA伸手的乞讨者什么态度，看TA遇到堵车和加塞是什么表现，看TA会不会横穿马路……最后的最后，再看TA在你面前的样子。并且，不能全信。

谈恋爱到最后谈的都是人品。一开始吸引我们的无外乎外貌、金钱、权力、地位，能让我们不离不弃、从一而终的只能是靠人品。外貌、金钱、地位、权力，所有的一切一开始都能包装、都能美化，唯有人品这样东西，你隐藏不了，也装不出，更不能轻易改变。

我不相信爱情，但我相信人品。

——这句话影响了我整个曾经。

—04—

爱就勇敢，不爱就坚强。爱着的时候不惺惺作态，不扭扭捏捏，不爱的时候也可以坦然接受。坦然接受并不代表不痛苦。我有我的痛苦，可是我更知道自己该怎么做、做什么。拥有的时候不害怕失去，失去了也不害怕。因为害怕也无济于事。一叶障目并不可怕，全情付出也不丢人，那些所谓的不必要的自尊丢了就丢了吧，很多年后想起来还不是照样莞尔一笑？我们最怕的不过是，在最需要勇敢去爱的时候却选择了退缩与软弱，在最该简简单单谈场恋爱的时候，却选择了满满套路，自以为是却最终导致与真爱失之交臂。

因为爱过伤过，所以再也不去相信、再也不敢付出？没有比这更蠢的事儿了。

拥有一颗永远干净、纯粹的少女心，是件很难的事情。但历尽千帆后的那颗少女心，要比从未涉世时的少女心更加珍贵，也更有意义。

我从不赞成盲目去爱，但始终认为爱是件需要极大勇气和决心的事。人生短暂，荷尔蒙旺盛时期更是寥寥几年，相比于两人爱到山崩地裂又活活被分开被撕裂的痛感，我更害怕的是，回眸一生，却从未真正奋不顾身、干净纯粹地去爱过任何一个人。

那样的人生未免太过惨淡和无趣。

爱情，从来都不是我们存在的意义，但她让我们的存在，变得更有意义。

一场爱情就如同一场人生，

有欢笑有眼泪，

有美好的阳光的也有丑陋的阴郁的。

她有时让我们觉得自己是上帝的宠儿，

有时又让我们极度灰心、怀疑人生。

我们会被人性的丑恶

伤到体无完肤，

也会被善意的拥抱

融化内心。

无论如何，

爱，

始终是我们行走世间抵抗寂寞

与危险的良药。

愿你能相信爱、

勇敢爱，

就像

从未受过伤一样。

在喜欢我们的人那里热爱生活，

在不喜欢我们的人那里看清世界。